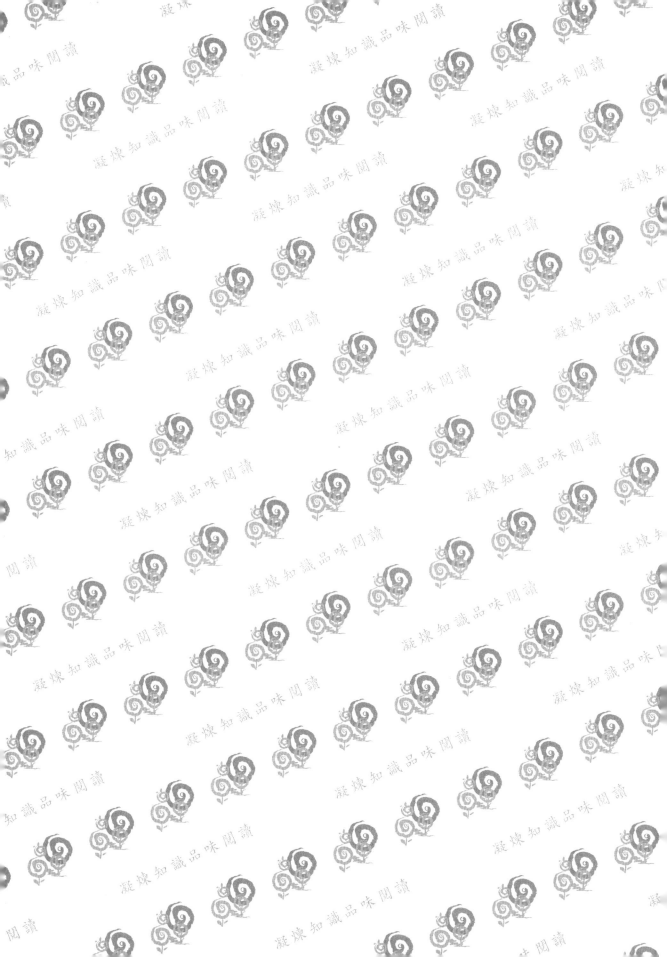

穿梭元宇宙中的 AR

結合真實與虛擬的新興科技

謝旻儕
黃凱揚

—— 著 ——

五南圖書出版公司 印行

推薦序

　　作者深入淺出帶領初學者無痛了解AR。第一次嘗試擴增實境（AR）科技應用，是在旻僑教授的輔導下，台南應用科技大學文創中心第一次嘗試結合擴增實境在藝術家導覽上，讓觀眾能跨越實境與虛擬，延伸觀展的深度。過去藝文導覽多倚賴館員或志工人員，導覽的時間與內容會因人力的因素而受限。而今觀眾能透過擴增實境技術，觀展民眾透過手機AR APP掃描畫作，藝術家即會現身介紹作品，讓展覽導覽更具即時性。再者，借助AR技術，將藝術家親自導覽的影像保存，奠基藝術展品的第一手資料，供後續藝術工作者研究。由此可知AR在應用教育上，未來將扮演重要角色。

　　本書可作為初學者進入AR領域的地圖，即便不了解程式，只要閱讀了本書後，便可利用市面上開發的擴增實境軟體，應用到實際生活面。無論是想要理解這塊領域的讀者、想透過AR做更深入研究的實驗者，抑或是已具有開發案內容經驗的工程師，本書可以帶您了解現今AR的各種應用與實作。原來AR並沒有這麼困難！AR也可以輕鬆上手！

台南應用科技大學 文化創意設計研發中心

張瀞予主任

作者序

　　擴增實境（Augmented Reality，簡稱AR）已融入現今生活中，許多人都曾體驗過，但不知其為擴增實境，甚至與虛擬實境（Virtual Reality，簡稱VR）混為一談。虛擬實境是必須以VR頭盔呈現全虛擬環境，並與裡面的虛擬環境或物件互動；互動方式常見以手把按鈕、手勢辨識或眉心位置來進行互動，達到沉浸式體驗。常被應用於電玩娛樂、教育訓練等領域，但其先天性的缺點為必須戴上厚重的頭盔，尤其額頭、鼻梁容易會有悶熱的不適感，甚至部分體驗者的體質容易有3D暈的情況。因此，若應用情境允許，可改採AR虛實整合的方式來呈現，AR體驗設備常以行動載具、AR眼鏡來顯示擴增內容，任何領域皆可以與擴增實境結合。

　　因此，本書以AR為主軸，為了讓讀者易讀、易學、易用，讓看過此書的讀者，對AR能有更明確的瞭解，進而可以自己使用AR專案開發的工具，包含ARTIVIVE、MAKAR或WebAR Studio，來實作AR的簡易應用並與其他人分享。

目錄

第一章　什麼是擴增實境

前言

　　許多描寫未來的電影中都會出現擴增實境的運用，湯姆克魯斯於 2002 年演出的「關鍵報告」則最具代表性。擴增實境（Augmented Reality，簡稱 AR）又稱之為擴充實境、擴張實境、增強實境、增強現實。擴增實境為虛擬實境（Virtual Reality，簡稱 VR）的延伸。

　　「虛擬實境」是經由電腦繪圖技術建構虛擬的場景，模擬出與真實世界相似環境，藉由特殊的設備，讓使用者能進入到虛擬世界，使人們處於真實世界一般，可與虛擬的環境即時互動。易言之，係虛擬出一個彷彿真實的世界，透過頭戴式虛擬實境裝置，看見 360 度的無死角畫面，達到身歷其境的感受。目前，Oculus、Sony、Apple、HTC 和 Samsung 等科技公司較具名氣，但連結的使用平台並不完全相同。業界專家普遍認為，2016 年將是虛擬實境的元年，歷經近十年的研發和概念展示，終於逐漸將在消費市場上推出實際應用的商品。其中最受矚目的品牌之一就是 Oculus，於 2016 年初剛推出眾所期待的 Rift VR 頭盔，它距離展示第一款原型機已經超過三年了，如今真正的商品終於亮相，並已於第一季開始開放預購。

　　「擴增實境」則是經由電腦產生的影像、物件或場景融入進真實世界的環境中，是一種即時計算出攝影機影像的位置及角度並加上相應圖像的技術，提昇感知的效果，將虛擬與真實結合，此技術的目標是在螢幕上把虛擬物件套在現實世界並進行互動。這種技術的提出大約在 1990 年出現。隨著行動電子產品運算能力的提升，預期擴增實境的用途將會更易實現於日常生活中。若從實際應用的角度觀之，電腦工程師、作家、設計師等職業期待以類似微軟 Hololens 這類的擴增實境頭盔來處理他們的資料，如圖作、創作文字和構想等，彷彿就像手中的工具一樣。研究機構 Tractica 預測這就是未來的工作型態，如果您是資訊科技經理人等職位人員，得要多加注意其演進方向並進行深入的瞭解。

1-1 擴增實境定義

　　擴增實境技術必須具有：「結合虛擬與真實世界 Combines real and virtual」、「能即時性互動 Interactive in real time」、「必需在三度空間 Registered in 3D」三大特性（Azuma, 1997），才能稱之為擴增實境（Augmented Reality，以下簡稱 AR）。

　　Milgram et al.（1944）將真實環境與虛擬環境視為一個連續性集合，如圖（CH1-001）所示，真實環境和虛擬環境分別作為連續性集合的兩端，左邊為真實環境，右邊為虛擬環境，靠近真實環境的部分為 AR，而靠近虛擬環境則是擴增虛擬（Augmented Virtuality），界於中間稱之為「混合實境（Mixed Reality）」。虛擬實境是企圖取代真實世界，而 AR 則是將電腦產生的虛擬圖像擴增於真實環境。目前 AR 應用非常廣泛，舉凡：教育、醫學科

學、軍事訓練、工程、工業設計、藝術、娛樂等（Azuma, 1997）。

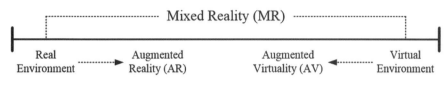

圖（CH1-001）

　　在意義上，AR 是一種結合虛擬化技術並觀察真實世界的方式。例如把一個虛擬的三維家具物件置於一個真實的房間內，而且隨著使用者在房間內走動，此家具仍然固定於房間裡的特定位置，不會隨著使用者改變方位而改變位置。所以，AR 能為我們提供現實世界中無法直接呈現的訊息。進一步而言，此訊息實際上能讓每個人眼中的世界更加豐富以及多樣性，這些都是目前 AR 已顯現出來的一些特點，當然隨著技術的發展，未來的 AR 可能會更加先進。

1-2 擴增實境相關應用

　　在 AR 應用面上，已經有業者開始採用此技術，用於展示或擺設 3D 虛擬物件，例如建築設計師可將平面設計圖，經由 AR 轉成 3D 立體建築物來展示，也有傢俱業者透過 AR 來模擬傢俱擺設後的效果，分別如圖（CH1-002）和圖（CH1-003）所示。甚至在醫療方面也能結合 AR，用於健康診斷及手術輔助等使用。

圖（CH1-002）

圖（CH1-003）

（圖片來源／擷取自 DECO myplace 網站）

圖片來源網址：http://decomyplace.com/

（圖片來源／擷取自 Daniel Smith 網站）

圖片來源網址：http://daniel-smith.ca/mobile-app-scripting

就目前而言，最容易取得的 AR 設備就是行動裝置，亦即手機和平板電腦。搭配行動裝置的相機鏡頭以及各領域應用面的程式設計師，開發出以 AR 為基礎的 App，就能搶先體驗以最低成本的方式享受 AR 所帶來的便利及實用性，實際應用面大致如下：

■ 行動裝置

目前在 iPhone 手機和以 Android 作業系統為基礎等手機上，已經出現不少 AR 的應用程式，例如：Instagram 或 Facebook 限時動態可拍 AR 照片或錄製 AR 影片、客製化 AR 個人名片、AR 婚禮卡片、恐龍 AR 書籍、Quiver 繪圖本、SNOW 等特效自拍相機 App。以 App Store 為例，以關鍵字搜尋「augmented reality」，就能發現已經有不少 AR 相關應用程式的出現，如圖（CH1-004）所示。

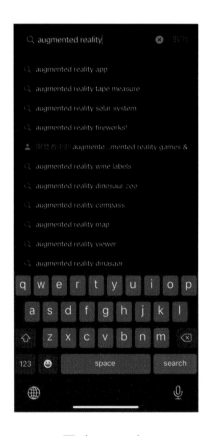

圖（CH1-004）

■ 教育

藉由書本或繪本上的圖片，活生生的呈現出角色或真實物品，讓使用者親身體驗書本所要表達的內容，通常以動畫、3D 物件搭配聲音來增加學習樂趣，如圖（CH1-005）所呈現繪圖本的 AR 應用實例。

圖（CH1-005）

■ 商機

　　各領域發表新產品的展示，例如：新車發表會可應用 AR 技術將產品模型疊加到現實場景中，並向消費者或各大汽車媒體說明本次新車改款，主要強化那些車身結構、提升哪些主被動安全或採用何種新的引擎科技搭配何種變速箱提升了車子的能源效率或性能等，如圖（CH1-006）所展示新車發表會的實例。

圖（CH1-006）

影片來源：https://www.youtube.com/watch?v=X0Q8f3waxeM

其他幼教、兒童用書搭配AR活潑生動的虛擬物件，將吸引兒童學習的樂趣以及注意力，同時父母親也樂見於自己的兒女快樂學習，是個不可小覷的藍海市場；或是名片、婚禮小卡等卡片類，陸陸續續已經有業者開始嘗試以AR技術提供客戶全新的訊息呈現方式；還有較活潑的雜誌出版商會配合固定的AR開發業者，將雜誌與AR做結合並提供給讀者，這些都是目前最為常見的應用層面。

此外，「iThome」科技網站一篇【擴增實境2016趨勢分析】AR應用起飛，加速現代工廠智慧化文章指出，AR的應用仍然以製造業用途居多，而且通常用於工廠設備即時診斷和提供簡易機臺維修指引為主。例如，過去維護人員在檢修複雜機臺時，得需要原廠設備的檢修人員到場協助，但是透過AR技術，未來即便沒有相關檢修經驗的人員，也能使用AR設備，以淺顯易懂的操作方式，來做到機臺設備的基本維護保養，像是只需用行動裝置掃描機臺上的QR Code，就能利用AR介面找到對應的設備維護手冊，接下來，維護人員只要依手冊上的指示，就能很快將機器設備拆解維修，立即進行一般設備零件的更換。尤有進者，透過將這些從工廠蒐集而來的機臺感測器資料，加以分析後，也能利用AR介面在行動裝置上，動態呈現出經過分析後的視覺化結果，像是能列出每一個機臺過去檢修的歷史記錄，或是機臺設備等待下次保養的剩餘天數等。

目前Daqri這家美國新創AR公司，已發表工業級AR智慧頭盔，如圖（CH1-007），用於工廠設備維護、檢修及保養並且提高人員的工作安全。然而，此類AR頭盔甚至是更輕盈的AR眼鏡，若要普及於一般大眾的生活應用，還有很長的距離要走，但相信未來不久後的日子，這些AR技術的應用，勢必如同智慧型手機或平板電腦一般，幾乎人手一臺並且陪伴我們的日常生活，想想還真是令人期待及嚮往。

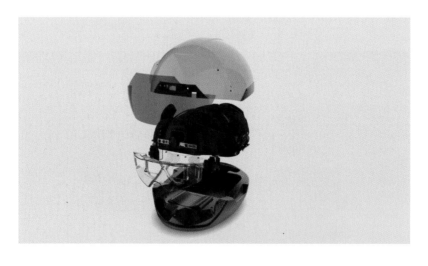

圖（CH1-007）

（圖片來源／擷取自iThome網站）
圖片來源網址：http://www.ithome.com.tw/newstream/102940

儘管 AR 應用層面已涵蓋各領域，但是 AR 所呈現的內容與介面設計，則非常需要仰賴大量的 3D 繪圖及軟體工程師共同跨界合作開發，才有辦法吸引企業與消費者真正使用於日常生活中，否則光有技術，沒有 3D 繪圖人員及內容開發人員協助，AR 產品恐難行銷於一般民眾的日常生活當中。

1-3 擴增實境所需設備

本章節主要向各位讀者展示目前哪些設備可以呈現 AR 內容；但在此之前，筆者會把呈現虛擬實境（Virtual Reality，以下簡稱 VR）內容的設備一併拉進來做介紹，並且比較兩者之間設備的差異及用途為何？

體驗 VR 必須透過頭戴式裝置（Head Mounted Display，縮寫為 HMD），使用者才能夠看見 360 度的無死角畫面，彷彿現身在另一個真實世界的虛擬世界，達到「身歷其境」的感受。目前頭戴式 VR 裝置以 Google Cardboard、HTC Vive、LG 360 VR、Oculus Rift、Sony PS VR、Samsung Gear VR 等較知名，但連結的使用平台並不完全相同，其產品外觀分別如圖（CH1-008）至圖（CH1-013）所示。

其中，HTC Vive、Oculus Rift 需配合高階電腦才能運作；Sony PS VR 則要連結自家遊戲主機 PS4；Google Cardboard、LG 360 VR、Samsung Gear VR 以手機為平台。此外，這三種平台各有優缺點，前二者畫質較精緻，鎖定進階玩家，裝置價格當然也比較高，例如

圖（CH1-008）Google Cardboard

圖片來源網址：https://i2.kknews.cc/SIG=2h9l448/69600071500sr8r0ps9.jpg、https://pic.pimg.tw/ieplus01/1461209929-1324163640_n.jpg

圖（CH1-009）HTC Vive

（圖片來源／擷取自 HTC VIVE 網站）
圖片來源網址：https://www.htcvive.com/tw/

圖（CH1-010）LG 360 VR

（圖片來源／擷取自 LG 網站）
圖片來源網址：http://www.lg.com/us/lg-friends/lg-LGR100.AVRZTS-360-vr

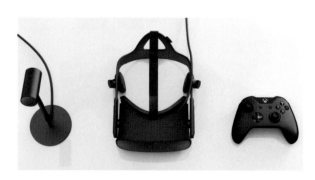

圖（CH1-011）Oculus Rift

（圖片來源／擷取自 TechRadar 網站）
圖片來源網址：http://www.techradar.com/news/wearables/oculus-rift-preorders-should-start-soon-after-january-1-1311727

圖（CH1-012）Sony PS VR

（圖片來源／擷取自 SONY PlayStation 網站）
圖片來源網址：https://www.playstation.com/en-us/explore/playstation-vr/pre-order/

圖（CH1-013）Samsung Gear VR

（圖片來源／擷取自 SAMSUNG 網站）
圖片來源網址：http://www.samsung.com/global/galaxy/wearables/gear-vr/

HTC Vive 要價 1.68 萬元新台幣，甚至還得加上一筆不便宜的電腦硬體升級費用才能跑得動，恐怕影響一般民眾的購買意願。而連結手機平台者，定位入門、安裝簡易、入手門檻也低很多，但畫質精緻度則較低、暈眩感也比較明顯；或是最便宜的 Google Cardboard，又被稱爲「窮人版 VR」，可自行製作完成，甚至夜市也有人販賣此類設備。對於生活在資訊社會的我們來說，行動裝置幾乎是人手一機甚至是多機了，這也是普羅大眾最能夠馬上體驗 VR 的最簡易方式。

　　VR 頭戴式顯示裝置，各家公司開發出來的外觀其實頗爲雷同，就如同目前的智慧型手機由於必須因應手機的操作方式，導致外觀設計差異不大；同樣的情況也發生在 VR 頭戴式顯示裝置，由於必須因應觀看 VR 的環境和考慮現有技術，導致外觀看起來像是個厚重的矩行立方體，而從裡面看來都會有兩個獨立的圓形顯示器，可以完美地提供兩眼獨立的不同影像，彼此之間不會有任何干擾，如此立體的視覺效果是相當優異的！但此類 VR

頭戴式顯示裝置缺點也不少，像是成本昂貴、重量不輕以及僅限單人使用等，都是目前尚待克服的地方。

　　VR 若要成功的被推廣應用，內容必定是最為關鍵的一環，遊戲是目前最被看好的應用，Sony PS VR 因為有 PS4 的主機為基礎，起跑點已領先其他科技業者一步，據市場推測初期 VR 大戰的贏家可能就是 Sony。畢竟，PS4 主機從 2013 年上市至目前為止，全球銷量至今已逾 1.028 億台。除了遊戲，VR 更可應用於錄製 360 度生活影片、拍攝 360 度環景照片、賞車或賞房等各領域。另外，3D 美術人才、遊戲軟體工程師及拍攝 360 度全景攝影器具等，都是開發 VR 內容不可或缺的一環。

　　VR 最終理想呈現的畫面，就是想給人們帶來另一個仿真實世界的立體視覺感受進而與使用者互動，亦即，虛擬出另外一個可以真實互動的世界；而 AR 係指直接於真實世界附加其他輔助資訊，其應用層面涵蓋範圍甚廣，詳細例子已於前一章節有詳加介紹。

　　回到本章節的主要內容，究竟目前可以呈現 AR 內容的產品包含哪些設備？舉凡：網路攝影機、智慧型手機、平板電腦、Epson Moverio、Google Glass、Microsoft HoloLens 等，其中，前三者非頭戴式 AR 設備入手門檻較低、呈現 AR 內容的質感稍差；其餘頭戴式 AR 設備價位則較昂貴、呈現 AR 內容的質感相較下較好。

　　在早期，研究開發 AR 的人員主要透過網路攝影機如圖（CH1-014），在電腦螢幕上呈現 AR 的內容。以前，曾有業者會以網路攝影機來呈現 AR 內容，例如：利用網站平台結合 AR 技術就是一個例子。

圖（CH1-014）網路攝影機

（圖片來源／擷取自 Logitech 網站）
圖片來源網址：http://www.logitech.com/zh-tw/webcam-communications/webcams

　　之前 Cargo 化妝品網路購物網站曾經以網路攝影機為主要媒介，實現化妝品顏色直接套用在消費者的臉部上，讓消費者感受一下真正適合自己的顏色是哪一種。使用者不用下

載任何程式，只要瀏覽器有裝上 Flash Player 就能使用，就能夠體驗 AR 帶給消費者的方便性了。

　　隨著智慧型手機以及平板電腦成為現代人日常生活工具的一部分，再結合社群媒體與朋友分享生活紀錄，例如：Instagram 或 Facebook 的限時動態，就提供利用 AR 和人臉偵測技術，結合拍照和錄製影片，使得原本死板的拍攝相片或影片更加生動活潑，分別如圖（CH1-015）和圖（CH1-016）所示。

圖（CH1-015）　　　　　　　　　　圖（CH1-016）

　　晚近，由於技術的進步，處理器效能的提升，許多零件能達到最小化和輕量化，因此，能夠呈現 AR 的眼鏡陸陸續續已被許多科技大廠開發出來，例如早期最知名的 Google Glass 剛發表出來之時如圖（CH1-017），許多人對於眼鏡內可以呈現額外的輔助資訊感到新奇，甚至是利用語音即可立刻進行拍照，對於生活上或許是個殺手級的應用，看似許多方便，卻也因為眼鏡上有攝像鏡頭，被許多考量可能會侵犯個人隱私和竊取個人訊息的人民拒絕於門外。因此 Google Glass 的消費族群轉而向企業用戶，所以 AR 眼鏡仍然不斷在研發和演進。

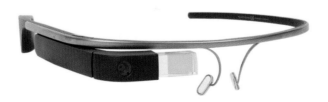

圖（CH1-017）Google Glass 外觀

圖片來源網址：http://gglassday.com/7421/proyecto-aura-esta-desarrollando-varios-modelos-de-gafas-y-wearables/

　　微軟自家的 AR 顯示器 HoloLens 如圖（CH1-018），是微軟的混合實境頭戴顯示器，支援語音和手勢控制，於 2015 年 1 月問世。與 Kinect 主打遊戲不同，HoloLens 定位為生產力裝置，製造、建築、醫療、汽車、軍事等產業。

圖（CH1-018）HoloLens 外觀

（圖片來源／擷取自 Windows Central 網站）
圖片來源網址：http://www.windowscentral.com/

　　Epson 於世界通訊大會（MWC）新發表一款 Moverio BT-300 眼鏡，如圖（CH1-019）所示，它是一款可以搭配無人機產品使用的 AR 眼鏡，並且利用該裝置即時觀賞無人機空拍影像，另外還能顯示飛行高度、飛行方向、經緯度、錄影時間和電子地圖等資訊，使整個操作體驗彷彿玩電玩一樣！Epson 美洲區新事業部產品經理 Eric Mizufuka 更指出，未來會朝向投入發展第一人視角的無人機導航、零售店裏的購物協助、資料視覺化，或是影像娛樂等商業用途。

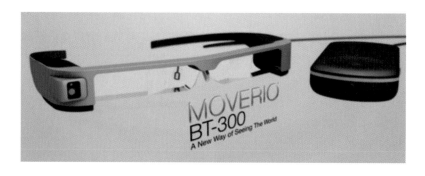

圖（CH1-019）Epson Moverio BT-300 外觀

（圖片來源／擷取自 iThome 網站）
圖片來源網址：http://www.ithome.com.tw/news/104059

　　事實上，仍有不少人十分抗拒 AR 眼鏡，認為戴上後外觀相當標新立異，而大多數 AR 眼鏡的鏡框造型比一度胎死腹中的 Google Glass 更不討喜，再加上眼鏡的攝錄功能有侵犯個人隱私等因素，想要廣泛應用於個人日常生活工具上，恐怕會遭受到許多限制。

　　如今來到 2020 年，汽車製造業早已積極投入 AR 技術研發，輔助駕駛者予以行車上的提示，目前車上配備有抬頭顯示器（Head Up Display，簡稱 HUD）顯示目前時速、導航以及 360 環景警示，就是 AR 實際應用，如圖（CH1-020）為 Volkswagen 車廠部分車款配備 360 環景警示，提醒駕駛人車子距離障礙物的遠近，並搭配不同頻率的警示聲提醒駕駛者注意。

圖（CH1-020）Volkswagen 車廠部分車款配備 360 環景警示

　　近來，Google、Apple 這些科技公司也正積極往無人駕駛汽車技術領域進軍，未來，我們預期汽車將會是最終極的行動裝置；而傳統汽車廠商在科技配備升級上也顯得非常積極，例如衛星導航、導入車道偏移系統輔助駕駛者回到正常行駛的車道上、停車輔助系統可協助駕駛者路邊停車及倒車入庫、疲勞駕駛警示系統等，另外一條可行的途徑就是利用 AR 技術，替駕駛者或乘客提供行車的輔助資訊。儘管未來無人駕駛已經普及化，AR 應用仍會不斷進化下去，畢竟車內的乘客仍需要多方面的資訊了解目前行車各種狀況，例如現有的 AR 應用已經做到汽車的導航系統、與障礙物的警示提醒、時速等。未來可朝向附近感興趣的商家做整合，提醒車內乘客旅遊景點或美食店家等資訊。

第二章　擴增實境技術解密

前言

　　許多專家或學者對於未來擴增實境的應用充滿了幻想，例如戴著可呈現擴增實境的眼鏡，看到路上的店家招牌，眼鏡內的視野除了呈現真實環境外，還能額外呈現商家的廣告、近期優惠或相關連鎖店等資訊。此時，觸發條件的設計就成為實現擴增實境的首要條件，而觸發條件基本上可分為「有標記式圖卡」和「無標記式圖卡」兩大類，本章將為各位讀者介紹兩者之間的差異為何，同時會順便提及適地性服務搭配擴增實境的技術以及應用。

2-1 有標記式（Marker AR）

　　有標記式（Marker AR）意思為：必須透過特定的圖案或標記供擴增實境系統辨識，透過圖卡的方式讓系統辨識、定位模型在圖卡上的相對位置，此標記稱為圖卡（Marker），圖（CH2-001）為使用有標記式的圖卡。

圖（CH2-001）

　　標記式圖卡的樣式有非常明顯的特徵，那就是圖卡最外圍是黑色正方形邊框，在邊框內可由開發人員自訂欲辨識的圖案內容，例如英文字、中文字或類似 QR Code 二維條碼的圖案皆可；但圖案內容須注意不可過於對稱，例如圖案內容只有一個圓形，這可能會導致模型無法正確定位到應有的方向。

　　圖（CH2-002）為有標記式的擴增實境，行動裝置上的鏡頭照到有標記式圖卡時，經由系統辨識後，在真實的環境上顯示出相對應的 3D 虛擬物件。

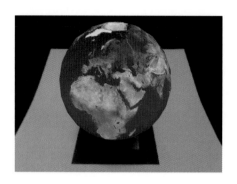

圖（CH2-002）

2-2 無標記式（Markerless AR）

　　無標記式（Markerless AR）不須透過特定圖卡樣式（Pattern）即可達到辨識效果，使用者可以自行選定辨識圖片作為擴增實境的觸發條件。圖（CH2-003）為無標記式的擴增實境，行動裝置上的鏡頭照到影像後，經由影像辨識系統辨別出對應的影像後，將相對應的 3D 虛擬物件呈現在真實的環境上。而適合成為無標記式影像的特徵有兩個需求，第一為影像內容不能過於對稱；第二為影像內容不能過於單調平滑。若符合此兩「不」原則，以現在影像辨識系統的技術，幾乎都能正確辨識出相對應的影像進而從資料庫裡找出相對的 3D 虛擬物件，呈現於真實世界中。

圖（CH2-003）

2-3 適地性服務之擴增實境（LBS AR）

　　適地性服務（Location Based Services，簡稱 LBS），中文有人翻成「行動定位服務」、「地理位置服務」和「定址服務」等，用比較簡單的說法來解釋，就是以地理位置為基礎的應用加值服務。LBS 就是結合行動裝置的 GPS 定位功能來提供目前位置、附近餐廳資訊、旅遊景點、討論社群或所處位置的天氣等對使用者提供相關應用的一種增值服務。知名手機遊戲「Pokémon Go」，玩家地圖顯示也是以 LBS 技術為基礎去呈現；另外再以 AR 技術帶給玩家體驗捕捉寶可夢的過程。另一款手機遊戲「Ingress」也同樣採用這兩種技術，成為遊戲領域最熱門的一種應用。

　　由於行動裝置幾乎都有內建定位服務的功能，App 開發人員可善用行動裝置本身的定位功能，開發出琳瑯滿目的 App 如圖（CH2-004），您會發現許多常用的 App 都會需要使用到定位服務的功能，只要使用者記得開啟定位服務的功能，就可以徹底享受定位服務所帶來的便利性。

圖（CH2-004）

　　若要說最早出現的 LBS AR 整合應用程式，那就是 Presselite 公司所開發的「New York Subway」App，它能根據使用者所在的位置，標示出店家位置、建議交通工具，讓電子地圖的操作變的更加直接，圖（CH2-005）為來自於 Presselite 公司網站上，實際在紐約城市使用此 App 的畫面。

圖（CH2-005）

（圖片來源／擷取自 Presselite 網站）

　　AR 被發展出來的概念，除了源自於對電影呈現出帶有未來科技感的顯示技術有所憧憬之外，最主要是由於人類的感官系統在資訊的接收與理解上，本來就存在先天上的限制，畢竟人類眼睛及大腦無法在短暫時間內處理龐大的資訊，因此若能在實境中加入一些輔助資訊，勢必對人類生活帶來許多便利性，AR 就是在這樣的概念下所產生。其實，許多新聞播報上即已落實此概念，將一些有用的資訊與數據加入到播報新聞的場景中，讓觀眾更能清楚掌握所需資訊。

　　更進一步來說，隨著軟硬體技術與運算的提升，加入的虛擬資訊是愈來愈活潑生動。舉例而言，許多氣象播報，加入 AR 技術用以解釋氣候變化，例如在解釋龍捲風的生成時，隨著主播手勢的變化，畫面中央的龍捲風瞬間從平面變成立體，再加上一旁的輔助符號和文字說明，也讓生硬的氣象知識更容易被理解，如圖（CH2-006）；還有美國職棒大聯盟轉播，可發現在實況轉播時，在打擊者中間有一個白色的長方型框，它約略代表好球帶的位置，每當投手將球投出後，螢幕會即時標示出球進入到本壘板時的位置，如圖（CH2-007），這些都是 AR 的應用，進而使人類在吸收資訊這方面，能與真實環境搭起聯結。

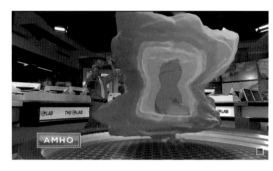 

圖（CH2-006）

圖（CH2-007）

（圖片來源／擷取自 YouTube - The Weather Channel）

（圖片來源／擷取自 T 客邦 - 棒球場上的科技報導）

　　另外，LBS 應用程式的運行，雲端伺服器亦扮演不可或缺的角色，所謂雲端，其實就是由一臺或數臺擁有強大運算能力的伺服器所組成，雖然近來行動裝置的運算能力愈來愈強，但有些應用程式仍會需要用到大量運算，不可能將所有資料交由行動裝置獨立運算完成，因此衍生出將複雜資料的運算與需要大量空間的資料庫放在雲端主機上，由行動裝置將需求傳送到雲端，待運算結果完成再回傳到行動裝置上。同時，LBS 最重要的就是須確保地理資料與實際的環境吻合，故雲端技術也常被用於進行資料庫的更新。

　　當雲端伺服器及相關技術被建置好後，「網路」就成為裝置間彼此傳輸的重要媒介，行動裝置與伺服器的所有資訊傳遞必須透過網路，此時，網路基礎建設不管是有線、無線網路就顯得更加重要。而目前的無線網路已經整合了許多不同的技術，像是行動裝置普遍都內建 Wi-Fi 以及 4G、5G 網路；換句話說，雲端資料的建置與網路的基礎建設就如同各大交通建設，講究彼此相互連接及順暢，才能衍生出更方便的 LBS AR 生活應用，如圖（CH2-008）。

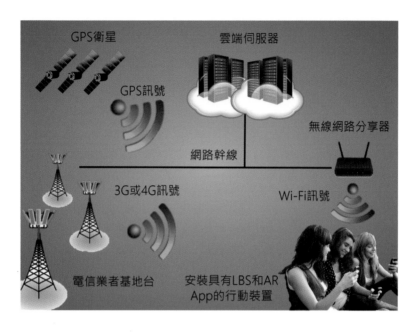

圖（CH2-008）

可以想像未來的生活，當 AR 穿戴式裝置普及化後，再透過 LBS AR 的應用程式就能根據定位資訊，提供建議與即時資訊，將食衣住行育樂全部搞定。尤其是路跑活動、騎自行車活動、旅遊及美食日記，利用此技術結合各大電子地圖，繪畫出路過或待過的地方來記錄足跡，做成與別人分享的個人日記，這將會是未來最大宗的 LBS AR 應用面向。

LBS AR 應用程式固然帶來許多生活上的便利性，相對的個人隱私問題愈來愈受到重視，因為就連 Apple 與 Google 這兩家公司都曾因記錄行動裝置用戶所在位置資訊的疑慮，接受過美國國會隱私聽證會。由於使用 LBS 必須將所在的位置資訊進行回傳，這些資訊回傳之後是否會被使用在不正當的用途上，難免會讓使用者感到不安。如今 LBS AR 的應用漸漸擴散於生活中，尤其是精靈寶可夢手遊的出現，各位讀者應該有感受到 LBS AR 新科技應用所帶給人類的衝擊，將來萬一身分被冒用時，必須要有一套認證機制及配套措施來降低損失，使人們在享受新科技帶來便利的同時，也能夠擁有個人隱私的安全保障。

LBS 和 AR 技術的結合，除了利用地理資訊提供各種生活資訊，並且還提供直接的圖形互動操作介面，套用一句廣告詞「科技始終來自於人性」，在享受行動式或穿戴式等裝置所帶來新生活應用的同時，尚祈系統開發人員對於資料隱私及網路安全的設計上，應有未雨綢繆的策略，不僅要讓人們使用 LBS AR 的應用程式更為直接便利，同時也要讓人們對於個人隱私的保障更加有信心。

第三章　有趣的擴增實境

3-1 精靈寶可夢（Pokémon Go）

　　Pokémon Go 於 2016 年 7 月的推出，讓 AR 技術也跟著竄紅。它是以寶可夢為遊戲主題，除了應用 AR 技術外，尚有適地性服務（Location Based Service，簡稱 LBS）技術，讓玩家使用智慧型手機內建的 GPS 功能，透過所在位置，結合 3D 虛擬寶可夢及真實世界的街道，玩家必須走出戶外尋找寶可夢並捕獲它們。因此在此款遊戲推出後，玩家可以親身體驗角色扮演及捕捉寶可夢，才會造成轟動。若這款遊戲本身的角色不是寶可夢的話，恐怕這款遊戲就不一定會這麼強勢了。

　　首先，玩家在 App Store 或 Google Play 上搜尋「Pokemon Go」，就可以找到該款經典手機遊戲，請放心下載並安裝它吧！開啟遊戲後，此款遊戲共有四種登入方式，如圖（CH3-001），建議直接綁定「Facebook」或「Google」帳號來登入遊戲比較快，若選擇「寶可夢訓練家俱樂部」，則需要手動輸入帳號及密碼，會顯得比較麻煩。

圖（CH3-001）

　　圖（CH3-002）為遊戲的載入畫面，依手機性能和所在地的網路速度來決定登入時間，同時載入進度條的上方都會提醒玩家「請隨時注意四周環境，小心安全」。

圖（CH3-002）

　　成功進入遊戲後，會再一次請玩家確認「請勿邊玩遊戲邊走路或開車」，如圖（CH3-003），可見有不少人因為這樣而受了傷，得不償失，在您每次進入遊戲之前，遊戲公司都會做此提醒。

圖（CH3-003）

　　在遊戲畫面裡的中間正下方，有個寶可夢球的圖示，如圖（CH3-004）紅色矩形標示處，點選一次後，會進入到如圖（CH3-005）的畫面，點選右上角的「設定」，並在設定裡往下滑動至「AR」項目設定，如圖（CH3-006），並將「AR+」勾選起來，如圖（CH3-007），再點擊底下紅色矩形標示處的關閉，就會再次回到遊戲主畫面，如此就可以享受此款 AR 遊戲帶來的有趣體驗。

圖（CH3-004）

圖（CH3-005）

圖（CH3-006）

圖（CH3-007）

　　在遊戲世界裡，請隨意四處走動直到有寶可夢出現爲止，並點選該寶可夢，如圖（CH3-008）紅色矩形標示處，之後會出現「使用 AR 前請先確認四周安全不要讓小朋友離開你的視線」，如圖（CH3-009），並且每次以 AR 抓取寶可夢都會出現此警語，遊戲公司對於安全的重視可見一斑。

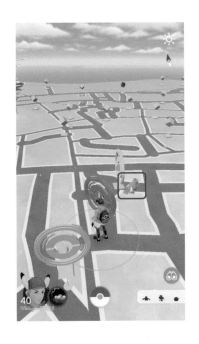

圖（CH3-008）　　　　　　　　　　　　圖（CH3-009）

　　進入捕捉畫面後，會在眞實的環境裡出現虛擬的草叢，如圖（CH3-010），點擊草叢來尋找寶可夢，若被玩家找到後，會出現如圖（CH3-011）的 AR 捕捉畫面，精準地把球丟至寶可夢身上，經過 NIANTIC 雲端伺服器的判斷，若判定成功捕獲，就會出現如圖（CH3-012）和圖（CH3-013）的捕獲畫面。

　　台灣過去在 2016 年 8 月 6 日早上正式開放，時至經過多年以來仍然爲熱門的 AR 手機遊戲，原因在於持續不斷更新內容，以及官方不定期舉辦特殊活動吸引玩家參加等因素。筆者對於此款遊戲的評價如下：

　　1. 此款遊戲理應屬於「LBS」技術的遊戲，並非以 AR 爲主的遊戲；因爲 AR 在遊戲所扮演的角色，只有在捕捉寶可夢時才有機會用到，更何況關閉 AR 模式照樣能在虛擬實境中捕捉寶可夢，不影響遊戲進行。

　　2. 從遊戲的虛擬環境主畫面裡，可以看出遊戲背景跟所處的地理位置一樣，這也就是爲什麼玩這款遊戲 GPS 必須持續開著，否則遊戲無法開始，如此遊戲背景才能有所對應，讓玩家有種虛擬與現實的跨界體驗。換個角度來看，玩家必須出門外出到特定地點實

際融入現實環境，另方面根據 GPS 位置將特定的寶可夢虛擬化在手機螢幕上，創造出好像在這個地方才會出現特定的寶可夢。而整個遊戲畫面其實帶給玩家的感受還是屬於虛擬實境的場景，不同的是，這個虛擬場景巧妙的配合真實環境位置，是這款遊戲特別的地方之一。

圖（CH3-010）

圖（CH3-011）

圖（CH3-012）

圖（CH3-013）

3. 捕捉寶可夢的場景是這款遊戲一大賣點，玩家可以選擇啟動 AR 模式，在真實環境的背景下，搭配虛擬的寶可夢以及虛擬的寶貝球，以手指頭滑動寶貝球，模擬出寶貝球往寶可夢投擲欲將牠收服，讓玩家有身歷其境在精靈寶可夢的動畫世界裡面。

4. 這款遊戲在安全上帶來一些問題，玩家必須拿著手機開啟 GPS 外出四處遊走，並且眼睛注視著手機螢幕，造成過去乃至於現在新聞皆有傳出因為玩這款寶可夢的遊戲而造成人身安全等意外。儘管遊戲登入時有提醒玩家遊戲時應注意周遭環境，但還是難免有玩家疏忽掉應注意安全而遭受不測，這確實是基於 LBS 技術的遊戲所無法置身事外的安全隱憂，此部分有賴政府與遊戲公司通盤規範特定安全的遊戲地點，以降低意外發生。

Pokémon Go 並非首款具有 AR 和 LBS 技術的遊戲，在這之前 Ingress 早已推出相同技術的遊戲玩法，只不過 Pokémon Go 有著很強大的背景，包含從最早期的動漫、相關遊戲乃至於周邊商品，都可以看到寶可夢的蹤跡，其中又以皮卡丘寶可夢更為著名，牠除了擁有療癒的可愛外表之外，還會發出很可愛的「皮卡 ~Pika~」聲音，已融化不少大小朋友的心。正因為如此，精靈寶可夢手機遊戲又採用 AR 和 LBS 技術，能創造出類似動漫一樣，想像自己成為冒險世界的主角，到處在現實世界走動並且四處收服寶可夢，希望有朝一日成為寶可夢大師！由此可見，這款遊戲的成功，並非只是採用較新穎的技術就獲得眾人好評，而是新穎的技術要配合適當的遊戲內容，才是這款遊戲日久不衰退的關鍵因素。

3-2 Quiver

還記得童年時期的繪畫本嗎？裡面是琳瑯滿目的花草樹木或是可愛角色等等的輪廓，我們只要再以彩色筆將輪廓內的白色區域塗上適當的色彩，原本黑白的輪廓圖頓時就會形成一張栩栩如生的畫作。而繪畫本的功能，不僅讓幼年兒童可以認識顏色，更能培養父母與子女之間的互動情感，更有繪畫本是以故事為主軸，來告訴幼童基本的處事道理，其實是蠻具有教育與學習的意義。但傳統的繪畫本功用最多也僅到此為止，然後就被父母親「蒐藏」起來了。

隨著科技的進步，我們認識的繪畫本已經有大幅度的進化了。沒錯！那就是將傳統的繪畫本再加上擴增實境的技術，使得一幅死板板的畫作動了起來。接下來，筆者要介紹的這款 App 為「Quiver」，直接 Google 搜尋「Quiver」，搜尋出來的第一個就是它的官方網站，網址為「https://quivervision.com/」，圖（CH3-014）為 Quiver 的官方網站。

「Quiver」官網提供許多 AR 互動圖畫，在網站的上方區域，有網頁選單連結，點選「Coloring Packs」按鈕，可以進入到下載 AR 互動圖畫的頁面。有寫 Premium 的字，代表需要訂閱才可以使用，我們可選擇 Free 的圖畫主題來進行互動。在此選擇「Murphy and Friends Edu Games」主題，圖（CH3-015），點選圖示後，進入 Murphy and Friends Edu

Games 主題，每個主題提供的 AR 互動圖畫數量不同，在這個主題中，提供三個不同的 AR 互動圖畫，如圖（CH3-016）所示。以右邊 Murphy 爲例，點選後會跳出下載的介紹畫面，再點選下方的「Download Coloring page」按鈕，如圖（CH3-017），點選後會跳出 PDF 的下載頁面，直接下載 PDF 檔，如圖（CH3-018），並將此檔案列印出來給小朋友上色，準備互動使用。

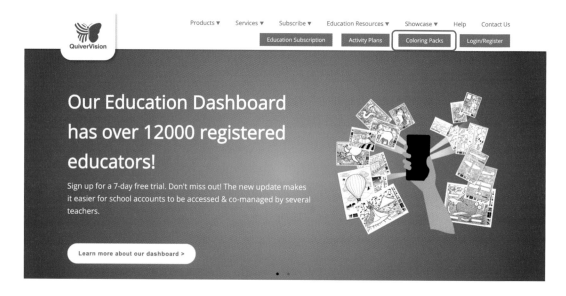

圖（CH3-014）

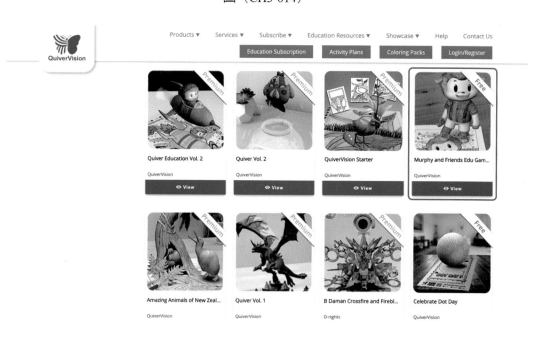

圖（CH3-015）

圖（CH3-016）

圖（CH3-017）

　　圖（CH3-019）為筆者請小朋友依據自己喜愛的配色所完成的作品。再來，請讀者們到 Google Play 或 App Store 搜尋「Quiver」這款 App，筆者依然以 App Store 搜尋「Quiver」為例，如圖（CH3-020）所示，直接把它安裝在自己的手機或平板上吧！

圖（CH3-018）

圖（CH3-019）

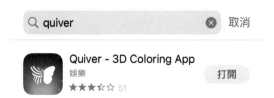

圖（CH3-020）

　　在自己的手機或平板主畫面上，開啓已安裝的「Quiver」App，如圖（CH3-021），並開啓它。剛開啓時，需要一點時間等待程式準備就緒，如圖（CH3-022）的畫面。圖（CH3-023）爲開啓「Quiver」App 的主畫面，直接點選中間相機圖示，即可開啓相機畫面。

圖（CH3-021）

圖（CH3-022）　　　　　　　　　　　　圖（CH3-023）

　　首先要掃描圖畫中的 QR Code，Quiver App 會辨識目前使用是哪一張 AR 圖畫，接著點選「Launch」圖（CH3-024），之後就會進入相機拍攝模式。將相機畫面對著繪製好的 AR 圖畫，記得相機不能距離圖畫太近，要拍攝到整張圖畫，否則圖畫會出現紅色的畫面，如圖（CH3-025）所呈現的畫面。

圖（CH3-024） 圖（CH3-025）

　　當相機拍攝的畫面能夠涵蓋整個繪畫紙時，小朋友剛剛所上色的圖畫角色，頓時之間全部動了起來，並搭配一些音效，而且還可以讓角色踢足球；更令人驚豔的是，3D 模型本身自己的顏色，居然是跟繪畫紙上的顏色是對應的，有別於以往擴增實境內建的 3D 模型，事先都已經把顏色定義好了，光是這一點就會給小朋友很大的驚喜！另外，3D 模型本身的紋理，「Quiver」App 會自動做適當的調整，並不會完全把繪圖的筆劃痕跡直接貼到模型上，這一點，「Quiver」真的還蠻聰明的，可見對於 3D 模型精緻度是很細心講究的，如圖（CH3-026）所呈現。

　　再試試不一樣的 AR 圖畫，還記得剛剛的「Murphy and Friends Edu Games」主題嗎？在此下載列印另一張同樣主題的企鵝，圖（CH3-027）為上色後的樣子，想想看它會出現什麼驚喜的互動內容嗎？直接開啟「Quiver」的相機拍攝模式，就會呈現如圖（CH3-028）的場景出來，還可以與企鵝互動噢。

　　最後，對於「Quiver」這款 App，它可將繪畫紙上的顏色對應到模型上，又由於繪畫本身會有筆刷的痕跡，若直接以繪畫紙上的紋理當作該 3D 模型的材質，其實這樣模型的呈現質感會比較讓人無法接受，所以「Quiver」對於材質處理有一套自己的方法，而呈現模型的質感，確實令人感覺到比較細緻；其次，這款 App 可應用於幼童的繪畫課、甚至是中小學的美術課上，只要有固定的教材，以這款 App 的技術來說，要呈現出精緻的 3D 模型，是不會有太大的問題。而利用擴增實境的技術，可將原本死板的作品，透過行動裝置

搖身一變，成為能和人類互動的有趣玩意兒。

圖（CH3-026）

圖（CH3-027）

圖（CH3-028）

3-3 CHROMville Science

　　跟 Quiver 非常相似的另一套繪畫本「CHROMville Science」，一樣主打繪圖本的上色加上教育學習，讓孩子除了可以畫畫之外，還能學到額外的相關知識，使得父母親跟孩子之間的關係更加緊密。CHROMville Science 也一樣採用 AR 擴增實境的技術，去引發孩子的學習動機，而在一旁的老師或父母，則扮演引導者的角色讓孩子從中學習。接下來，筆者要介紹的這款 App 為「CHROMville Science」，請上網直接搜尋關鍵字「chromville science」，或是輸入官方網址「https://chromville.com/en/chromvillescience/」，圖（CH3-029）為 CHROMville Science 的官方網站頁面，記得要在右上角切換為英文版網頁。

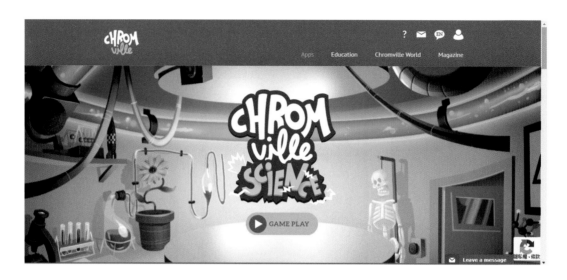

圖（CH3-029）

　　將剛剛的頁面繼續往下滑動，看到如圖（CH3-030）的畫面停止滑動。我們首先要去下載內建的繪圖本，畫面中紅色矩形框選的「HERE」點擊一下。

圖（CH3-030）

　　不過在下載繪圖本之前，必須登入會員帳號才能下載。若還未成為會員，就必須先進行註冊。如圖（CH3-031）紅色框選區，當您填寫完個人資料後，按下「Register」完成註冊後，CHROMville Science 會以會員登入的狀態，帶您進入首頁，如圖（CH3-032）。

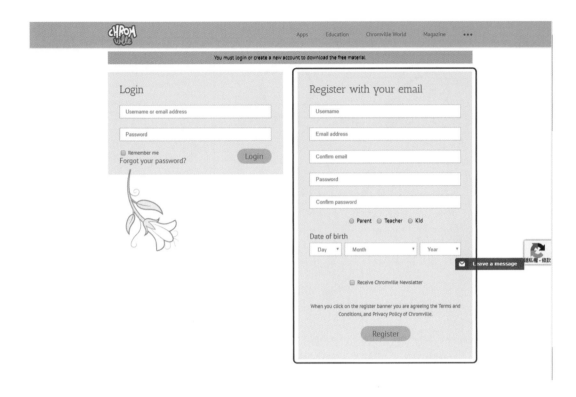

圖（CH3-031）

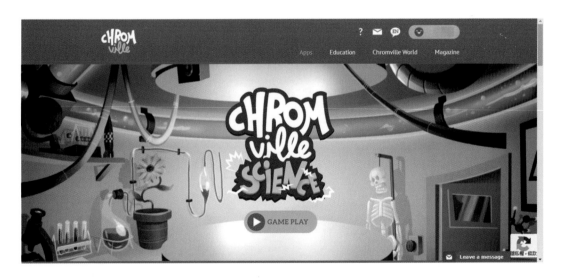

圖（CH3-032）

　　接著，請您直接往下滑動網頁直到看到圖（CH3-030）處，點一下「HERE」之後，會出現 CHROMville Science PDF 檔的繪圖本，如圖（CH3-033）所示。頁數共計十五頁，檔案大小有 7.33MB。選擇直接列印或是下載下來都可以哦！

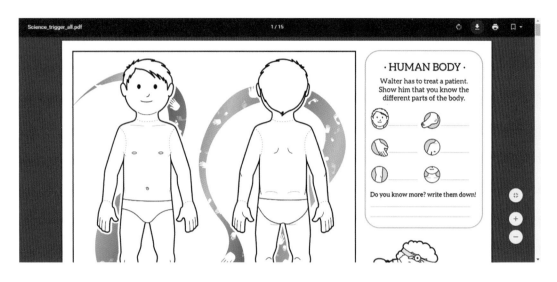

圖（CH3-033）

再來，請讀者們到 App Store 或 Google Play 搜尋「chromville science」這款 App，筆者依然以 App Store 搜尋「chromville science」為例，如圖（CH3-034）所示，直接取得，把它安裝在自己行動裝置上吧！

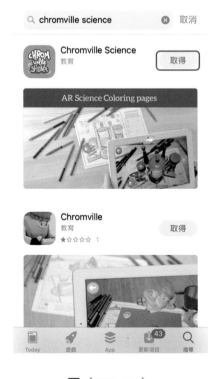

圖（CH3-034）

安裝完成後並將此 App 程式開啟，首先會請您設定語言，由於沒有支援中文，也只好選擇英文了，如圖（CH3-035）紅色矩形框選位置。

圖（CH3-035）

第一次開啟此 App 會有簡介說明，若不想看的話可直接點選畫面右下角的「TO MENU」，如圖（CH3-036）紅色框選區。

圖（CH3-036）

　　進入到 CHROMville Science 主畫面後，直接選擇畫面中下位置的「PLAY」，如圖（CH3-037）紅色矩形框選區。之後會看到三個選項，分別是「Classroom」、「CHROMville WORLD」和「Per.Brick PUBLIC」，在此直接選擇「Classroom」，如圖（CH3-038）所示。

圖（CH3-037）

圖（CH3-038）

　　打開「Classroom」之後，若第一次使用此 App 的話，CHROMville Science App 會要求取用您的相機，請一定要點「好」，之後點擊畫面右下角的「→」，如圖（CH3-039），才能開始體驗 AR 擴增實境所帶來的樂趣。

圖（CH3-039）

　　圖（CH3-040）是 CHROMville Science 免費提供給大眾使用的繪圖本。這個 AR 繪圖本具有互動功能，例如選擇左邊選項的「皮膚」，畫面中的 3D 人物會顯示人類皮膚的樣子，而且如果您直接點選畫面中的人物頭部，底下會顯示這個部位叫做「頭」；至於圖（CH3-041）和圖（CH3-042）的 AR 效果則必須付費購買，這點請注意！若您選擇「肌肉」選項，記得繪圖本也要換成人類肌肉繪圖本，這樣畫面中的 3D 人物才會顯示人類肌肉的樣子，此時若您直接點選畫面中的人物胸部，底下會顯示這個部位叫做「胸部」；若選擇「骨頭」，繪圖本也要換成人類骨頭繪圖本，如此畫面中的 3D 人物會顯示人類骨頭的樣子，而且如果您直接點選畫面中的人物頭部的頂部，底下會顯示這個部位叫做「頭蓋骨」。

圖（CH3-040）

圖（CH3-041）

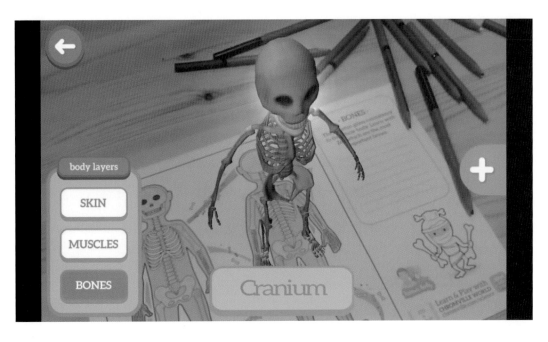

圖（CH3-042）

　　免費的繪圖本還有接下來要介紹的植物生長，它也有 AR 互動功能，在 CHROMville Science App 偵測到該繪圖本時，它會跳出如圖（CH3-043）的 AR 互動提示，意思是選擇正確的照顧習慣，並觀察植物的生長狀況；若選擇到錯誤的選項，則植物不會發生任何成長。

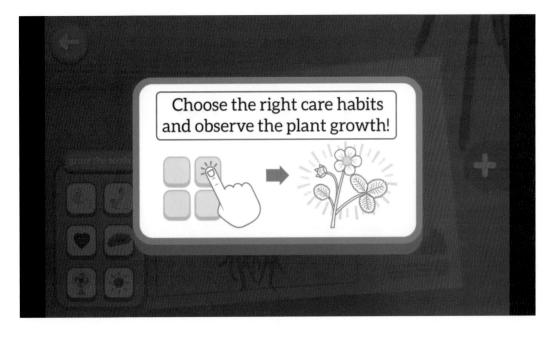

圖（CH3-043）

　　圖（CH3-044）選擇澆水是正確的照顧習慣，則植物會成長。以這六個選項來說，愛心和陽光也都是正確選項哦！另外，在 AR 的體驗過程中也可以拍照儲存起來，其做法是將該圖右邊的「+」打開，並且點一下圖（CH3-045）紅色矩形所框選的相機圖示，就可以將體驗過程記錄在相簿裡囉！

圖（CH3-044）

圖（CH3-045）

　　最後一個免費的繪圖本是如圖（CH3-046）的繪本，它的 AR 互動功能是點一下畫面中的圖釘，該圖釘的地形位置如何被稱呼？像是本例子就叫做「山坡」。

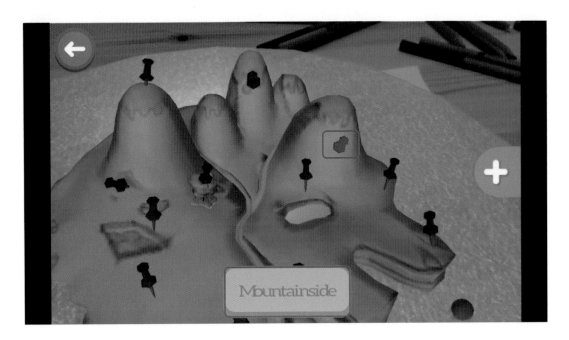

圖（CH3-046）

　　圖（CH3-047）至圖（CH3-049）就都是付費的繪圖本，當然 AR 效果也會更精緻，若有興趣的家長不妨可以買給小朋友玩玩哦！

圖（CH3-047）

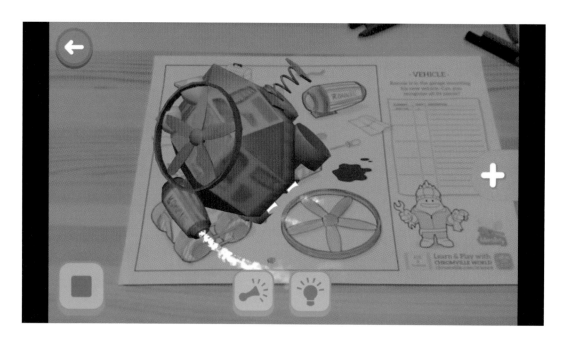

圖（CH3-048）

圖（CH3-049）

　　最後，對於「CHROMville Science」這款 App，其實跟「Quiver」非常相似；可惜的是它提供免費的繪圖本只有三個；若跟 Quiver 比多樣性的話，本款 App 確實不夠多，但也不失為是個好玩的 App 與各位讀者分享。

3-4 AR 牡蠣繪本

　　AR 牡蠣繪本 App（Oyster AR App）是運用擴增實境（Augmented Reality, AR）結合海洋教育牡蠣科（Oyster AR）教材，以擴增實境技術來輔助學習。使用者在操作學習過程中，能以直覺的操作方式，經由智慧型手機或平板直接掃描海洋教育牡蠣科相關教材的資訊，即可呈現擴增實境學習內容，內容包括牡蠣的生長環境、構造、成長過程、養殖方式以及天敵，還有環境保護對海洋生物的重要性與牡蠣的應用價值。

　　請讀者們到 App Store 或 Google Play 搜尋「AR 牡蠣繪本」這款 App，筆者依然以 App Store 搜尋「AR 牡蠣繪本」為例，如圖（CH3-050）所示，直接下載安裝。「AR 牡蠣繪本」App 需要配合繪本才可以使用，讀者可以下載列印（AR 牡蠣繪本載點：https://reurl.cc/RXzzlx），或是直接在電腦開啓下載繪本 pdf 檔。在此以牡蠣構造的頁面為例，將手機或平板執行「AR 牡蠣繪本」App 相機畫面，直接對準繪本中有「AR」字眼的的圖像頁面，即可互動。讀者可以試著直接將「AR 牡蠣繪本」App 執行的相機畫面，對著圖（CH3-051）拍，看看是否有什麼東西出現。

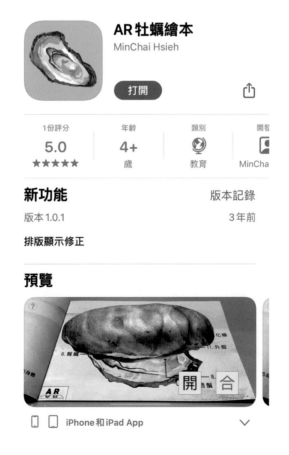

圖（CH3-050）

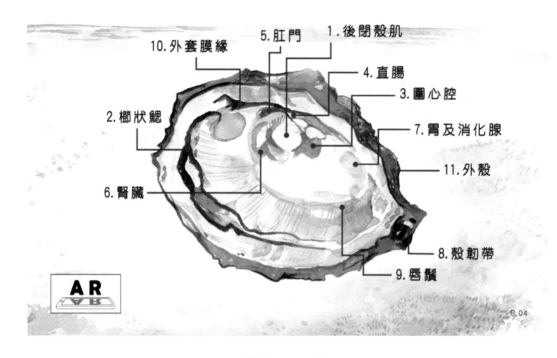

圖（CH3-051）

　　有沒有發現，3D 的虛擬牡蠣出現在你的眼前，如圖（CH3-052）。但只能看，卻吃不到。可以點選互動按鈕「開」「合」，將牡蠣殼打開，如圖（CH3-053），使用兩隻手指在手機螢幕上來放大縮小牡蠣，也可以用兩隻手指同時觸碰螢幕旋轉，來轉動牡蠣的置位方向噢！

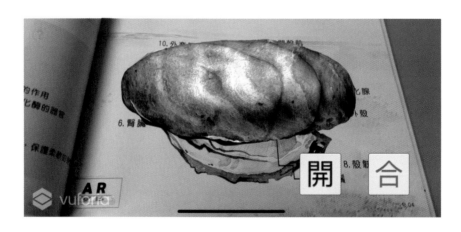

圖（CH3-052）

圖（CH3-053）

3-5 AROP 帆船繪本

　　AROP 帆船繪本，主要是將 OP 帆船相關知識概念整合於這本繪本中，OP 帆船 OP 的是指 Optimist（樂觀型）的意思，也就是樂觀型帆船，專為兒童設計的帆船。讀者在使用過程中，以直覺的操作方式，手持智慧型行動載具直接掃描 AROP 帆船繪本，即可呈現海洋教育 OP 帆船相關教材的擴增實境學習內容。

　　請讀者們一樣到 App Store 或 Google Play 搜尋「AROP 帆船繪本」這款 App，筆者依然以 App Store 搜尋「AROP 帆船繪本」為例，如圖（CH3-054）所示，直接下載安裝，立即使用，操作方式與「AR 牡蠣繪本」相同。AROP 帆船繪本載點為 https://reurl.cc/yM77NM。在此以 OP 帆船構造的頁面為例，將手機或平板執行「AROP 帆船繪本」App 相機畫面，直接對準繪本中有「AR」字眼的的圖像頁面，即可互動。讀者可以試著直接將「AROP 帆船繪本」App 執行的相機畫面，對著圖（CH3-055）拍，看看是否有什麼東西出現。

　　一艘虛擬的 3D OP 帆船出現在你的眼前，如圖（CH3-056），可以觀看帆船的面貌。使用一隻手指在螢幕上平移，可以旋轉 OP 帆船，由不同的視角來觀看；透過兩隻手指在手機螢幕縮放，能放大縮小 OP 帆船；若模型放得太大或縮得過小，可以點選「模型復位」按鈕，將 OP 帆船復原至初始的大小。

圖（CH3-056）

第四章　ARTIVIVE

前言

ARTIVIVE 是一套基於網站就能建立 AR 專案，強調在短時間內只要三步驟，即可完成專業的 AR 專案。它可以免費註冊成會員，並且每個帳號可免費開發無限個 AR 專案，但總觀看次數每個月限定 100 次！若覺得簡單易用，想要獲得更多 AR 專案的觀看次數，那得付出不少鈔票才能滿足您的需求，通常資金夠多的行銷公司才會買單。早期的 ARTIVIVE 一個免費的帳號只能有三個專案，且不限觀看次數，所以擁有多 E-mail 帳號的開發者只要多申請數個免費帳號，就可以達到不用支付任何費用，也能免費享有簡單易用的優秀 AR 專案。或許 ARTIVIVE 發現這樣的規則有漏洞，改成免費帳號讓您無限建立 AR 專案，但限制總觀看次數，如此一來，多帳號的玩家就顯得沒有意義，成功阻止取巧的 AR 開發者。

4-1 ARTIVIVE 如何免費註冊

首先到 Google 搜尋「Artivive」關鍵字或輸入網址「https://artivive.com/」，很容易就找到 ARTIVIVE 網站，通常該網站第一個頁面如圖（CH4-001）所示。為了讓使用此網站的體驗有更好感受，建議使用的電腦將其 cookie 記錄下來，如圖（CH4-001）紅色矩形框選的「Accept」點一下。

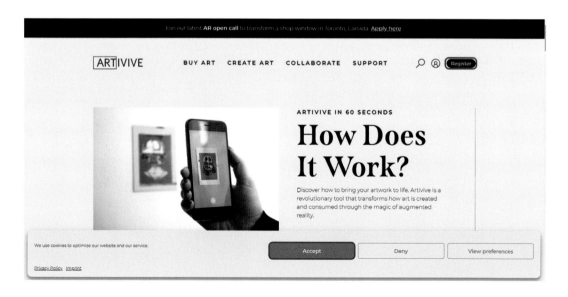

圖（CH4-001）

此時，再將目光移到畫面右上角的黑色按鈕，寫著「Register」，點一下開始進行

註冊吧！註冊所需資料包含「FULL NAME」姓名、「EMAIL」電子郵件、「DIGITAL PORTFOLIO/COMPANY WEBSITE」公司網址等，如圖（CH4-002）所示。

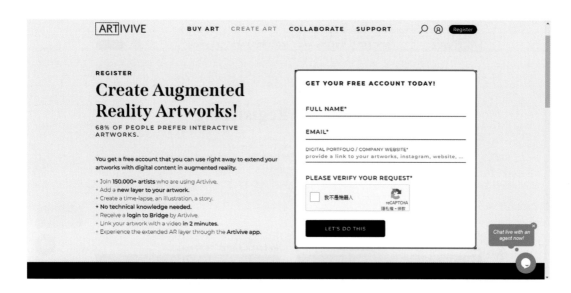

圖（CH4-002）

　　所有的欄位皆是必填欄位，如下圖，其中「EMAIL」電子郵件，將作為驗證電子郵件是否有效並啟動註冊帳號，以及未來登入時的帳號，不可隨意輸入！「DIGITAL PORTFOLIO/COMPANY WEBSITE」公司網址，可輸入您的個人網站或 Instagram 的網址等，並記得勾起「我不是機器人」，最後點擊「LET'S DO THIS」繼續下個步驟，如圖（CH4-003）所示。

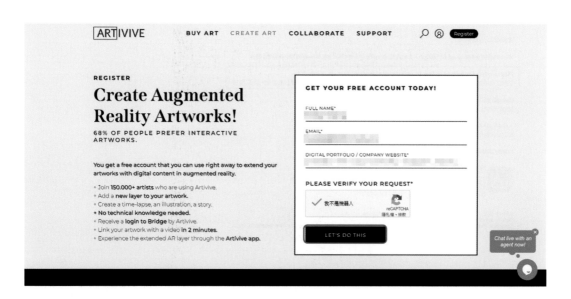

圖（CH4-003）

　　接著畫面會出現感謝您的註冊，並且告訴您剛剛透過電子郵件傳送啟用連結，請在幾分鐘內檢查您的電子郵件，如圖（CH4-004）所示。

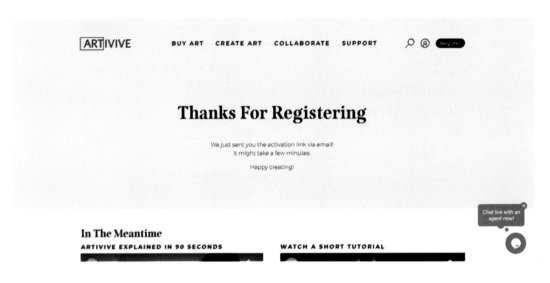

圖（CH4-004）

　　此時請登入到您的電子信箱查看有無收到「Activate your account」的標題信件，若不在，可在重要郵件或垃圾桶郵件找到；以筆者為例，就是在「重要郵件」分類裡找到該信件，之後點擊如圖（CH4-005）紅色矩形框選的網址啟動您的帳號。

圖（CH4-005）

　　啟動帳號之後，ARTIVIVE 網站會要求您設定密碼，第一個密碼為您所設定的密碼；第二個密碼則是再次確認您剛剛所設定的密碼。並勾起底下的「Agree to our Terms & Conditions」，再點「CREATE」建立，如圖（CH4-006）紅色矩形框選位置所示。

圖（CH4-006）

　　之後畫面會跳到如圖（CH4-007）所示，其中第一個欄位為電子郵件；第二個欄位為密碼，最後點擊底下的「LOG IN」進行登入。

圖（CH4-007）

　　若是第一次登入剛啟動的帳號，會有「Your privacy and data is our concern」為標題共四個子畫面。第一個畫面必須勾起「read & confirm」才能進行下一步；第二個畫面是針對個人是否有提示操作等其他需求，並透過電子郵件寄發給您，此三個選項可略過不填寫直接進行下一步；第三個畫面必須勾起「read & confirm」才能進行下一步；第四個畫面必須勾起「read & confirm」，才能點擊「FINISH」完成 ARTIVIVE 網站所關心您的隱私及資料安全，步驟分別如圖（CH4-008）至圖（CH4-011）所示。

圖（CH4-008）

圖（CH4-009）

圖（CH4-010）

圖（CH4-011）

最後，終於看到 ARTIVIVE 的工作畫面，如圖（CH4-012）所示。ARTIVIVE 聲稱建立一個 AR 專案，只需花費您兩分鐘的時間就能搞定！

圖（CH4-012）

4-2 如何快速建立 ARTIVIVE 第一個 AR 專案

當看到如圖（CH4-012）的工作畫面後，點一下「Add artwork」紅色矩形框選的位置，開始新增專案，會出現如圖（CH4-013）所示三個步驟快速完成你第一個 AR ARTWORK 的對話框，直接點擊「EASY」之後，會回到如圖（CH4-014）ARTIVIVE 的操作介面開始進行創作吧！

圖（CH4-013）

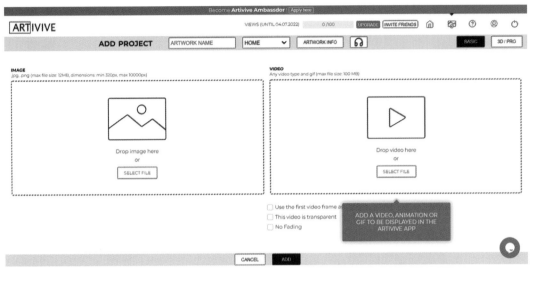

圖（CH4-014）

接下來，將您的專案命名如圖（CH4-015）紅色圓角矩形框選的位置，例如本專案名稱為「快速建立第一個 AR」。再來，將您希望呈現的影片拖曳至紅色矩形框選的位置

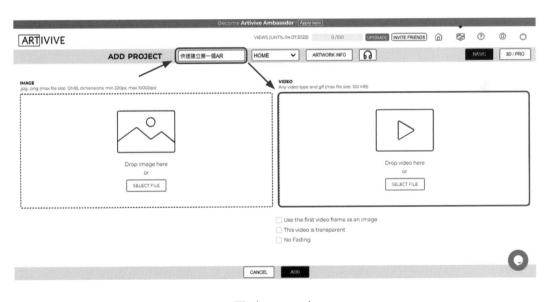

圖（CH4-015）

筆者從電腦裡選擇某個資料夾的影片，並且將其拖曳至如圖（CH4-016）所示位置，完成影片內容的準備工作。若不習慣拖曳方式的話，ARTIVIVE 也提供「SELECT FILE」選擇檔案路徑的方式，供您放置影片內容。完成畫面如圖（CH4-017）所示。

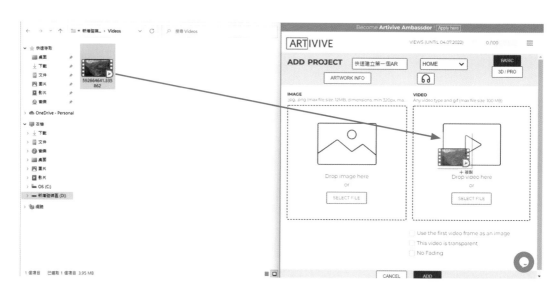

圖（CH4-016）

TIPS

　　幾乎任何常見的影片格式 ARTIVIVE 都夠支援，惟有兩個事項要加以留意，第一：檔案大小不得超過 100MB；第二：建議影片長度不超過 45 秒；根據統計發現，若影片超過 45 秒後，使用者在看 AR 影片的體驗會轉為留意自己有無拿穩行動裝置，體驗效果大打折扣！

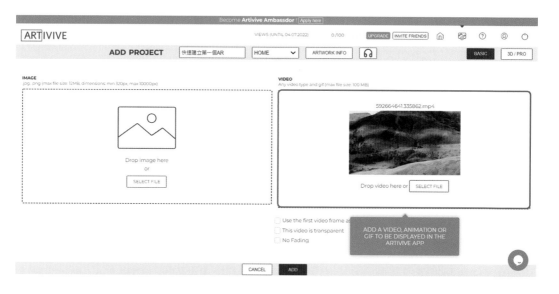

圖（CH4-017）

　　然後將如圖（CH4-018）紅色矩形所框選的「Use the first video frame as an image」選項勾選起來，就完成了 AR 觸發影像，同時畫面左邊的 Image 區域也會變成灰色的鎖住畫面，意思是不用額外再準備一張影像，ARTIVIVE 已經將此影片的第一張影格充當成觸發影像了。再點擊底下的「ADD」加入按鈕，就會出現如圖（CH4-019）的等待畫面。

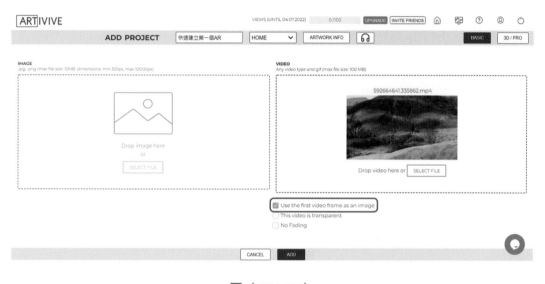

圖（CH4-018）

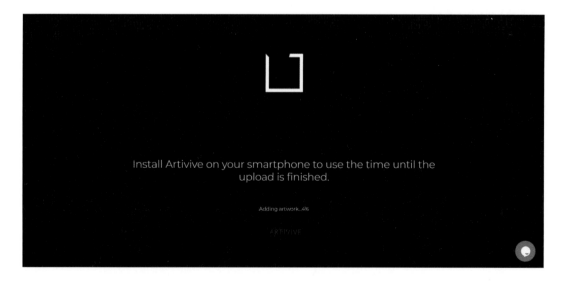

圖（CH4-019）

　　當完成專案上傳時，畫面如圖（CH4-020）所示。ARTIVIVE 還需要花費一些時間處理後續作業，所以在專案縮圖上會有「Processing artwork⋯」的提示，稍微等待之後，就會出現如圖（CH4-021）的完成專案畫面了。

圖（CH4-020）

圖（CH4-021）

圖（CH4-021）的「RECOGNITION SPEED」為影像辨識速度，共有五顆星的級別，愈高辨識效果愈好。通常影像具有高對比度以及更多的影像細節，星等數會愈多。此例，筆者隨意挑一部風景影片，該影片第一張影格影像對比度不高、影像細節又少，所以被評價為一顆星的級別。不過根據筆者實際體驗起來，發現辨識速度還是很快。

另外同張圖（CH4-021）的右下角紅色矩形框選的區域，為每個 ARTIVIVE AR 專案的四項功能，由左至右功能分別為播放影片、下載觸發影像、編輯專案以及刪除專案。

4-3 如何使用行動裝置觀看 ARTIVIVE AR 專案

想要觀賞剛剛做的 AR 專案，我們可以先把觸發影像下載下來，下載方式如圖（CH4-022）紅色矩形框選位置所示，將觸發影像以 .JPEG 檔案方式下載至您的電腦上，並將它列印出來，或直接呈現在螢幕上亦可。

圖（CH4-022）

然後到 App Store 或 Google Play 上搜尋「artivive」關鍵字，並免費取得 Artivive App，如圖（CH4-023）。

圖（CH4-023）

安裝完 App 之後，開啓此 App 就會看到如圖（CH4-024）的畫面。左邊紅色矩形框選的燈泡圖示爲是否打開閃光燈；右邊紅色矩形框選的資料夾圖示爲作品分享。

圖（CH4-024）

　　最後將您的相機鏡頭對準觸發影像，ARTIVIVE 經過影像辨識後，稍微地等待影片下載，如圖（CH4-025）所示，之後就會在觸發影像上播放 AR 影片了，如圖（CH4-026）所示。順帶一提，紅色矩形框選的「錄製」，可以將您所體驗的 AR 專案的過程，錄製成 10 秒鐘的體驗短片跟別人分享，如圖（CH4-027）所示。

圖（CH4-025）

圖（CH4-026）

圖（CH4-027）

4-4 更換觸發影像

很多時候，我們無法掌握一個影片的第一張影格辨識效果到底好不好，如同筆者之前所示範，只獲得一顆星的級別。假設此影片是要用於廣告行銷，可就不能如此馬虎了！勢必得更換辨識度較高的觸發影像比較妥當。延續上面的專案，筆者打算將觸發影像換成如圖（CH4-028）所示，具有較佳的對比度以及較多的影像細節。

圖（CH4-028）

再度回到 ARTIVIVE 專案首頁的位置，點擊如圖（CH4-029）紅色矩形框選的編輯專案選項。

圖（CH4-029）

這次筆者改用點選影像區域裡的「SELECT FILE」選擇檔案選項，選定觸發影像，如圖（CH4-030）所示，替換後的觸發影像如圖（CH4-031）所示。

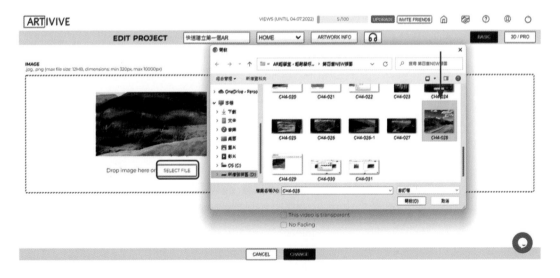

圖（CH4-030）

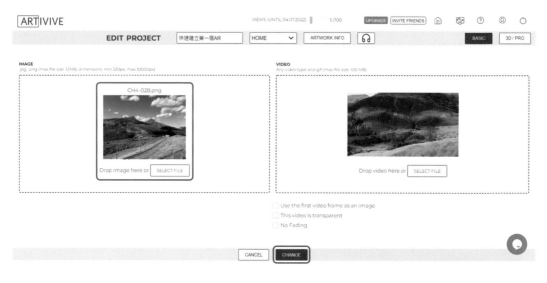

圖（CH4-031）

　　圖（CH4-032）底下的「CHANGE」按下去後，觸發影像就會上傳至 ARTIVIVE。恰巧，筆者在此碰到長寬比不一致的警告問題，由於筆者的觸發影像長寬比為 4:3，影片長寬比為 16:9，系統判斷出影像和影片兩者之間會出現無法完全吻合的狀態。ARTIVIVE 在此提供兩種解決方式供開發者做選擇，第一個選擇是「YES, PLEASE ADJUST VIDEO」請調整影片長寬比；第二個選擇是「UPLOAD AS IT IS」直接上傳觸發影像，不改變影片長寬比。

　　第一個「YES, PLEASE ADJUST VIDEO」選項，ARTIVIVE 會將雲端上的影片調整至符合觸發影像的長寬比，大約會花費 15 分鐘的時間做調整。

　　第二個「UPLOAD AS IT IS」選項，ARTIVIVE 不會改變雲端上影片的長寬比，直接上傳觸發影像，這個選項速度最快，但在 AR 體驗上可能不是較佳。

圖（CH4-032）

在此，筆者選擇第二個「UPLOAD AS IT IS」選項，亦即，不考慮觸發影像與 AR 影片之間的長寬比。而更改觸發影像的等待畫面如圖（CH4-033）所示。當完成更改觸發影像時，畫面如圖（CH4-034）所示。ARTIVIVE 還需要花費一些時間處理後續作業，所以在專案縮圖上會有「Processing artwork⋯」的提示，稍微等待之後，就會出現如圖（CH4-035）的完成專案畫面了。

圖（CH4-033）

圖（CH4-034）

ADD ARTWORK   ADD FOLDER

RECOGNITION SPEED   VIEWS / MONTH
★★★★☆   5

快速建立第一個AR

JUN 5, 2022 - 1:16 AM

圖（CH4-035）

　　果然還不錯！這次更改後的觸發影像辨識度達到四顆星的水準。至於觸發影像與 AR 影片之間吻合的狀態，是完全地被 AR 影片覆蓋過去，如圖（CH4-036）所示，幾乎看不到觸發影像了。

圖（CH4-036）

4-5 結語

　　ARTIVIVE 主打簡易三步驟，並且以花費兩分鐘的時間即可打造出一個專業的 AR 專案。第一步驟：選擇觸發影像；第二步驟：選擇影片檔並上傳至 ARTIVIVE；第三步驟：在行動裝置上安裝 Artivive App，並開啟 App 將畫面對準觸發影像。一個專業的 AR 專案就呈現在眼前了。至於 ARTIVIVE 的優缺點，將以表格整理如下：

優點	缺點
·每個帳號提供無限個免費 AR 專案 ·簡易三步驟直覺操作，不須專業的技術背景	·語言介面只有英文 ·免費帳號每月只有 100 次觀看總數，若需要更多觀看總數，會隨著觀看次數越多，付費金額也將越龐大

第五章　MAKAR

前言

　　MAKAR | AR/VR 編輯器功能非常強大，除了可編輯 AR 專案之外，也可以編輯 VR 專案。本書以 AR 主題做介紹，故有關 VR 製作將忽略不談，以免本章篇幅過於冗長。支援的素材有：圖像、3D 模型、影片、音樂、全景素材，甚至是內嵌 Youtube 影片。也因為功能如此強大，它並非採用線上編輯，而是採用客戶端軟體操作方式編輯專案，故需要下載 MAKAR | AR/VR 編輯器才能製作專案。

5-1 如何安裝 MAKAR | AR/VR 編輯器與註冊登入

　　請上網搜尋關鍵字「makar ar」找到標題為「MAKAR | AR/VR 編輯器」，或輸入網址「https://www.makerar.com/」，進去該網站，就可看到如圖（CH5-001）的頁面，之後點擊紅色框選位置的「馬上體驗」。

圖（CH5-001）

　　當看到「立即下載體驗」時，請再點擊一次，會再出現安裝於作業系統的環境選擇，如圖（CH5-002）所示，請根據您的作業系統選擇對應的選項下載 MAKAR 編輯器；若您的作業系統是 Windows 但不曉得是 32 位元或 64 位元，可在我的電腦圖示上按右鍵選擇「內容」，看一下「系統類型」，就可得知是哪個位元的 Windows 作業系統了。由於筆者使用 Windows 作業系統，所以底下的安裝流程以 Windows 為例。

圖（CH5-002）

　　然後會出現下載檔案要放在您電腦上的哪個位置，筆者是選擇直接放在「下載」資料夾，如圖（CH5-003）所示。

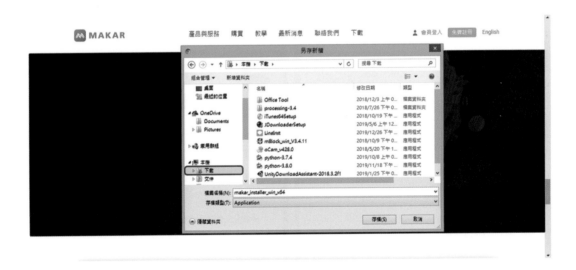

圖（CH5-003）

　　當下載完成時，直接開啓剛剛所下載的檔案，此時若跳出安全性警告，請點擊「執行」。

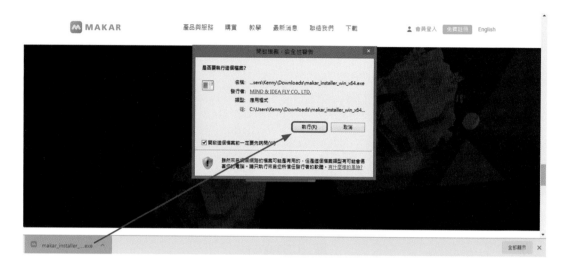

圖（CH5-004）

接著進入安裝流程，圖（CH5-005）記得要勾起「我同意合約條款」，才能進入下個安裝流程。圖（CH5-006）根據個人喜好設定，筆者選擇直接「安裝」。

圖（CH5-005）　　　　　　　　　　　　　圖（CH5-006）

當按下安裝之後，若此時出現使用者帳戶控制，請點擊「是」按鈕，如圖（CH5-007）所示，才能順利安裝。

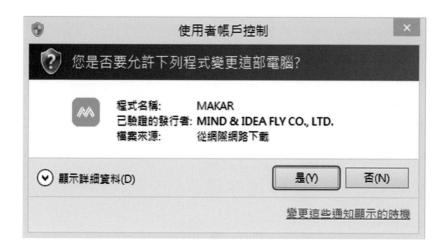

圖（CH5-007）

　　稍微等待個數分鐘後，就可以完成 MAKAR 編輯器的安裝了，其過程如圖（CH5-008）和圖（CH5-009）所示，最後記得按下「完成」。

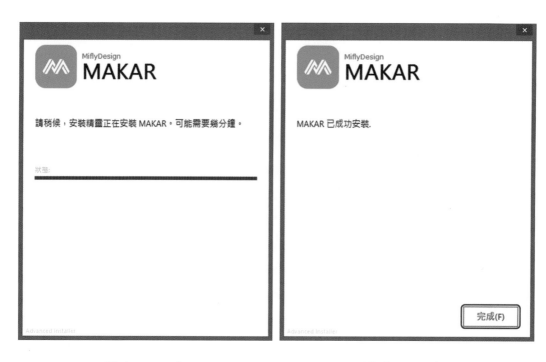

圖（CH5-008）　　　　　　　　　　　　　　圖（CH5-009）

　　回到 Windows 桌面，找到「MAKAR」圖示，如圖（CH5-010），並且開啟該編輯器。當每次開啟 MAKAR 編輯器時，該編輯器會自動連上 MAKAR 伺服器，並且出現公告，如圖（CH5-011）所示，看完公告之後就可以點擊「繼續」按鈕進入登入畫面。

圖（CH5-010）

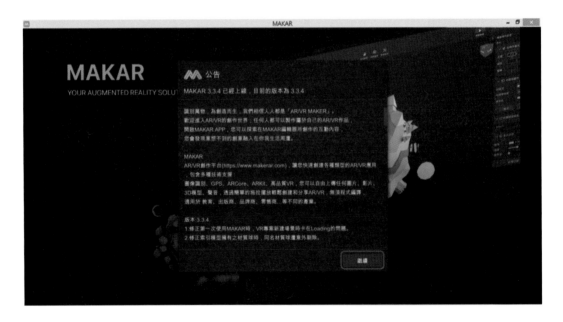

圖（CH5-011）

　　若您是第一次登入的專案者，還必須經過註冊，取得帳號密碼後才能登入。所以，一開始就先來註冊吧！請點一下如圖（CH5-012）紅色矩形框選位置處「立即註冊」。

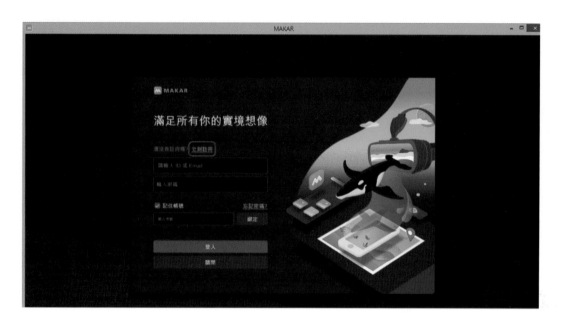

圖（CH5-012）

　　會員註冊畫面如圖（CH5-013）所示，共有兩個步驟。第一步驟包含帳號、密碼、確認密碼、暱稱、國家及職業等，每個皆為必填欄位。

圖（CH5-013）

　　欄位填寫完之後，也記得勾起圖（CH5-014）「我已閱讀並同意服務條款之相關規定」，並點選「下一步」。

圖（CH5-014）

　　第二步驟為輸入可驗證的電子郵件帳號，然後勾起「我不是機器人」，再點擊「發送驗證信」，這時瀏覽器會顯示已發送驗證信的訊息，分別如圖（CH5-015）和圖（CH5-016）。

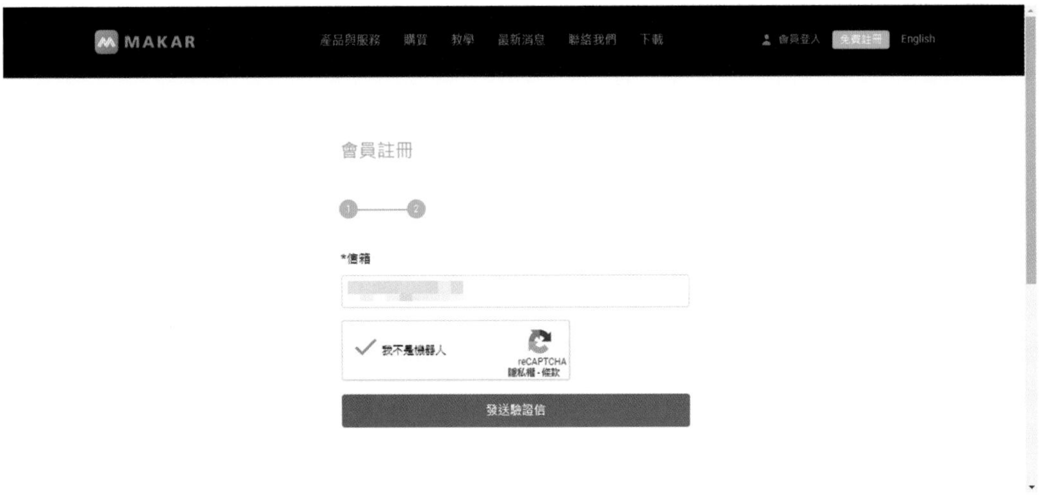

圖（CH5-015）

圖（CH5-016）

　　此時，開發者請到電子郵件信箱收驗證信，此信件可能不在主要收件匣，以筆者實際遇到爲例，反而是在「重要郵件」中找到該驗證信。看到信件標題「MAKAR｜AR/VR 編輯器 會員註冊通知」點進去後，如圖（CH5-017）所示，再點一下該圖紅色框選的位置「請點此或以下連結驗證帳號，即可免費體驗一個月的專業版 A」進行帳號驗證。接著，瀏覽器會顯示「帳號已成功升級爲驗證版會員，請重新登入」，按下「確定」完成註冊程序。

圖（CH5-017）

圖（CH5-018）

　　再度回到 MAKAR 編輯器的登入畫面，如圖（CH5-019），將剛剛註冊好的帳號及密碼輸入進去，點擊登入，就可進入 MAKAR 編輯區了。

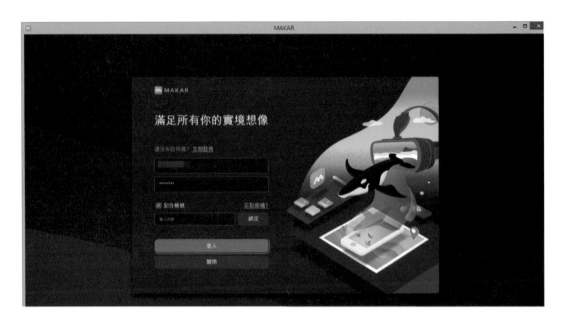

圖（CH5-019）

　　每次登入時，MAKAR 會從伺服器匯入專案資料，如圖（CH5-020），稍微等待幾秒鐘後，就會看到如圖（CH5-021）MAKAR 編輯器的編輯主頁。

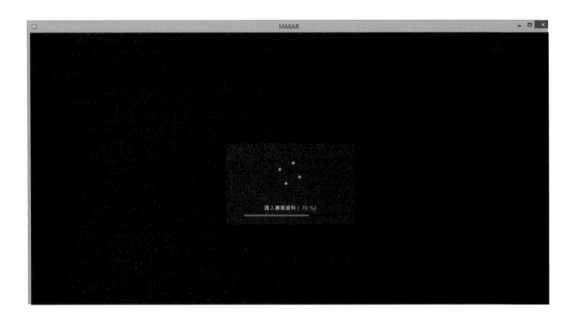

圖（CH5-020）

圖（CH5-021）

　　剛剛完成註冊而且第一次登入的 MAKAR 會員有一件事情先確定一下，那就是在此編輯器右上角處，點一下您的會員帳號，並點擊「帳戶設定」，如圖（CH5-022）所示。

圖（CH5-022）

　　如圖（CH5-023），在「個人資訊」左邊選項，有個「目前方案」，MAKAR 提供新會員一個月使用期的「專業版 A」。至於體驗版與專業版 A 兩者差異，圖（CH5-024）為官方網站的購買頁面，可供各位讀者查詢，換算下來，一個月的專業版 A 相當於新台幣 1875 元的價值哦！

圖（CH5-023）

圖（CH5-024）

5-2 如何快速建立第一個 MAKAR AR 專案—以 3D 模型為例

首先到 MAKAR 編輯器的編輯主頁，圖（CH5-025）紅色框選區有個藍色底的按鈕「建立新專案」，進入到圖（CH5-026）建立專案的畫面。

圖（CH5-025）

圖（CH5-026）

　　建立專案的第一件事就是為專案取一個名稱，如圖（CH5-027）紅色框選區，在此筆者命名為「第一個 AR 專案」名稱。

圖（CH5-027）

　　由於我們是建立 AR 專案，故先確認一下 AR 模式亮起還是 VR 模式亮起，預設值為 AR 模式亮起。再來，AR 專案是需要一張觸發影像，啟動 AR 效果，所以在建立專案右手邊有個「上傳檔案」選項，點一下後，選擇電腦裡的一張圖當作觸發影像，如圖（CH5-028）所示。

圖（CH5-028）

　　選擇好觸發影像後，依照您的網路速度及伺服器的處理速度，決定等待時間的多寡，如圖（CH5-029）等待畫面。

圖（CH5-029）

　　觸發影像準備好後，MAKAR 會為這張影像的辨識度給予星等評價，星星數愈多，辨識效果愈好，如圖（CH5-030）紅色框選區，最後再點「確認」完成觸發影像的設置。

圖（CH5-030）

　　圖（CH5-031）爲觸發影像建置好後，該張圖放置於 3D 模式當中。接著即將準備 AR 所要呈現的 3D 模型，雖然 Root 有內建 3D 模型可以使用，但筆者還是打算從圖（CH5-031）紅色框選區的「新增素材」裡的「線上素材」圖（CH5-032）紅色框選區，挑選較不一樣的 3D 模型來玩玩！

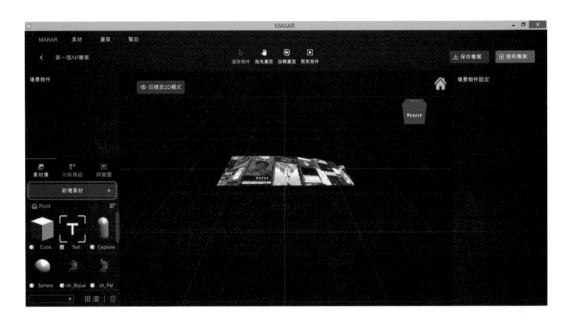

圖（CH5-031）

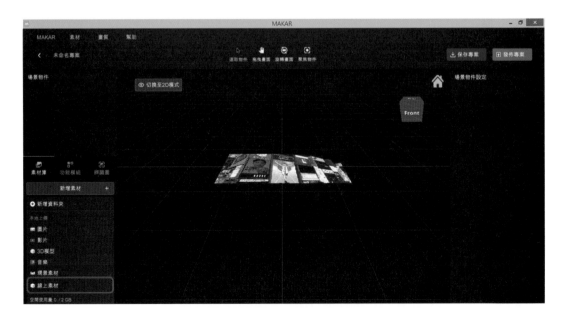

圖（CH5-032）

　　點進線上素材後，線上素材庫的分類有十多種，筆者選擇了「食物」分類裡的「拉麵」，如圖（CH5-033），有個下載圖示，點下去後立即下載，下載完成時會出現綠色勾勾，如圖（CH5-034）所示。

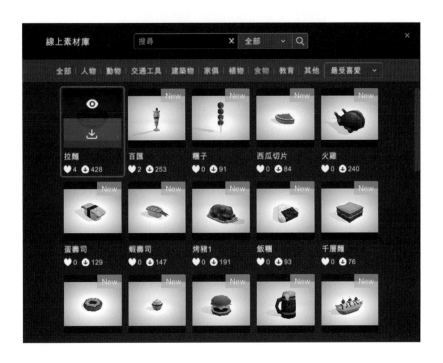

圖（CH5-033）

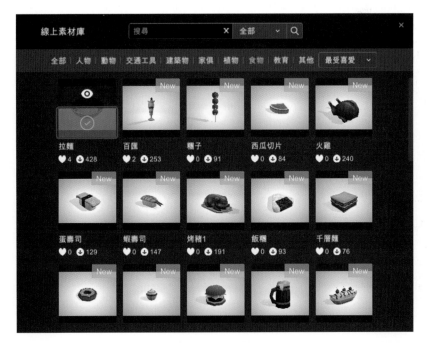

圖（CH5-034）

此時，再度回到 MAKAR 編輯區的素材庫，就可發現剛剛下載的拉麵 3D 模型，就在 Root 裡面，如圖（CH5-035）。

圖（CH5-035）

接著將該 3D 模型拖曳至觸發影像上，如圖（CH5-036）所示。

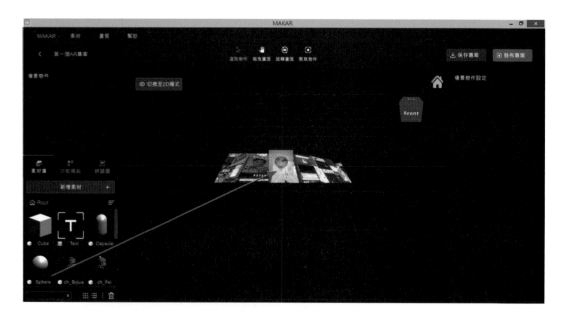

圖（CH5-036）

　　將 3D 模型放置好後，筆者遇到一個問題，就是 3D 模型的體積過大，如圖（CH5-037）
所示。目測下來，若整個 3D 模型體積縮小到一半，大小會較適中。因此，我們可利用編
輯器右邊的縮放，將所有 1 的數字更改為 0.5，如圖（CH5-038）紅色框選區所示，這樣觸
發影像就不會被完全的覆蓋掉了。最後直接點右上角藍色底按鈕的「發佈專案」，將此專
案發佈出去，一個 AR 專案就完成囉！

圖（CH5-037）

圖（CH5-038）

　　發佈專案後，會再跟開發者確定是否上傳這個專案，直接點「確認」就好了，如圖（CH5-039）。之後會出現發佈專案的等待進度畫面，如圖（CH5-040）所示。

圖（CH5-039）

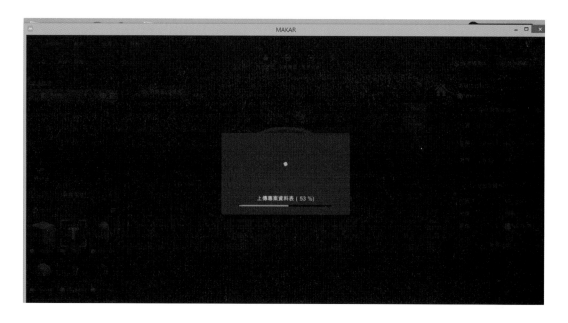

圖（CH5-040）

　　成功上傳專案後，會出現如圖（CH5-041）自己的 ID，用意是要開發者主動向大家在 MAKAR App 分享專案，其他人也必須安裝 MAKAR App 並且搜尋您的 ID，才有辦法看到

您的作品，這是特別要注意的事項。點一下確認後，畫面會回到 MAKAR 編輯區主頁，並且在已發佈的專案會看到剛剛建立的 AR 專案哦！如圖（CH5-042）所示。

圖（CH5-041）

圖（CH5-042）

5-3 如何在行動裝置觀賞 MAKAR AR 專案

在 Apple Store 或 Google Play 搜尋「makar」即可找到該 App，如圖（CH5-043）。

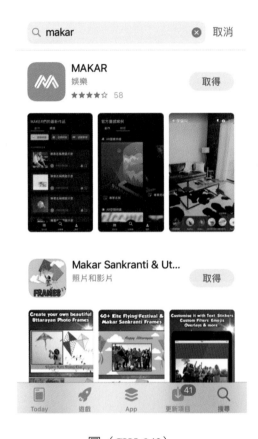

圖（CH5-043）

　　MAKAR App 打開後的第一個畫面為 MAKAR 們的最新作品，由於剛剛有上傳新的 AR 專案，理所當然在 MAKAR App 的第一個最新作品，會有我們剛剛建立的專案。不過，我們還是得按照其他人如何觀看我們專案的角度來說明觀看流程。首先，在畫面最底下，有個「搜尋」，如圖（CH5-044）紅色框選的位置，並點擊一下。

圖（CH5-044）

此時，會跳出如圖（CH5-045）是否讓 MAKAR App 使用您的位置，這兩個選項都可以選，但為了避免有些專案有搭配 GPS 做互動，筆者較建議一律選擇允許。接著進入搜尋畫面如圖（CH5-046）所示，在此畫面搜尋圖（CH5-041）的 ID，如圖（CH5-047）所示，ID 輸入好之後，按下完成即可搜尋該作者。

圖（CH5-045）

圖（CH5-046）

圖（CH5-047）

　　找到該作者後，直接點選如圖（CH5-048）紅色框選區，進入到該作者的專案區，如圖（CH5-049），在選擇您所想要看的專案之後，會再度進入到如圖（CH5-050）的專案畫面，直接點擊底下的「開始體驗」。

圖（CH5-048）　　　　　　圖（CH5-049）　　　　　　圖（CH5-050）

　　體驗的鏡頭畫面會出現一條綠色掃描線上下滑移，如圖（CH5-051）。若將鏡頭對應到觸發影像上，MAKAR 會以半透明灰底的 LOADING 字樣，讀取伺服器上相對應的 AR 內容，如圖（CH5-052）所示。

圖（CH5-051）　　　　　　　　　圖（CH5-052）

　　讀取完成後，MAKAR 會在觸發影像上呈現剛剛設定好的 3D 模型，也就是在眞實的一張影像上，透過行動裝置虛擬出一個 3D 拉麵模型，這樣的現實加上虛擬，達到擴增實境的效果，如圖（CH5-053）所示。

圖（CH5-053）

5-4 MAKAR 支援一個 AR 專案加上數種素材物件

　　此章節將延續上個章節的專案來說明，上個章節的 AR 專案是以一張觸發影像，呈現出一碗 3D 模型拉麵的 AR 效果。以此爲基礎，我們甚至還能再加上影像、3D 模型、影片、音樂及內嵌 Youtube 網址等數種素材物件。

　　需注意的是，各種素材有一定的格式要求，以下是各個素材適用的格式：

★ 影像：JPG、GIF、PNG（最大個別上傳檔案大小 5mb）

★ 3D 模型：FBX（最大個別上傳檔案大小爲 10mb）

★ 影片：MP4（最大個別上傳檔案大小爲 20mb）

★ 音樂：MP3、WAV（最大個別上傳檔案大小 5mb）

★ 全景圖像：JPG（最大個別上傳檔案大小 5mb）

★ 全景影片：MP4（最大個別上傳檔案大小爲 20mb）

★ 內嵌 Youtube 網址：上傳到 Youtube 且隱私設定設爲公開之影片（無檔案大小長短限制）

　　底下筆者將嘗試把第一個 AR 專案，再加上一張影像、兩個 3D 模型、一首音樂、一張內建電話圖示，讓觸發影像能呈現更多 AR 內容。再次回到 MAKAR 編輯主頁，並且在

已發佈的專案區如圖（CH5-054）紅色矩形框選的「編輯專案」點一下。

圖（CH5-054）

一開始在素材庫的 Root 選擇兩個 3D 內建模型如圖（CH5-055）紅色框選處，並分別拖曳至觸發影像裡，這些 3D 模型一開始是被放置在觸發影像的正中間，透過圖（CH5-055）紅色橢圓標示的位移功能，分別將這兩個 3D 模型移至觸發影像的右邊。最後結果如圖（CH5-056）。

圖（CH5-055）

圖（CH5-056）

　　繼續在素材庫的 Root 選擇內建的電話圖示影像，拖曳至觸發影像上，發現該影像過於龐大，如圖（CH5-057）。透過圖（CH5-058）紅色框選的縮放屬性，分別將 X=1.00、Y=1.00、Z=1.00 設定為 X=0.20、Y=0.20、Z=0.20；並且將該影像的旋轉屬性由 X=0.00 設定為 X=45.00，再搭配之前的位移技巧，將該影像移置觸發影像的左後方；若依正常視角不好移動該張影像的話，可透過按住滑鼠右鍵方式，旋轉編輯區畫面角度，更精準掌握素材物件的相對位置，如圖（CH5-058）所示。

圖（CH5-057）

圖（CH5-058）

　　繼續在素材庫的新增素材選擇圖片選項，如圖（CH5-059）所示，選擇電腦內的一張
影像放入素材庫，按下開啟後 MAKAR 會將此素材上傳至伺服器，如圖（CH5-060）。

圖（CH5-059）

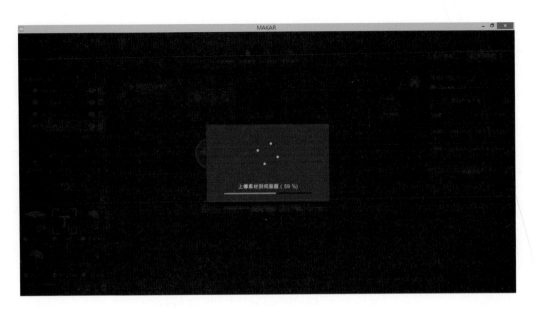

圖（CH5-060）

　　將剛剛上傳的影像從素材庫拖曳至觸發影像上，會發現此影像變得無比巨大，理由在於現在手機拍攝出來的畫質數都非常高，如圖（CH5-061）。同樣的做法，我們立刻在縮放屬性分別將 X=1.00、Y=1.00、Z=1.00 設定為 X=0.02、Y=0.02、Z=0.02；並且發現該影像原本是直立式的，放在素材庫卻變成水平式的，解決辦法是將該影像的旋轉屬性由 Z=0.00 設定為 Z=-90.0，如此該張影像就會變成直立式的了，同時順便將 X 的數值由 0.00 旋轉為 45.00，因為希望這張影像是與觸發影像互相傾斜 45 度呈現；另外，再搭配之前的位移技巧，將該影像移置觸發影像的左前方，最後如圖（CH5-062）所示。

圖（CH5-061）

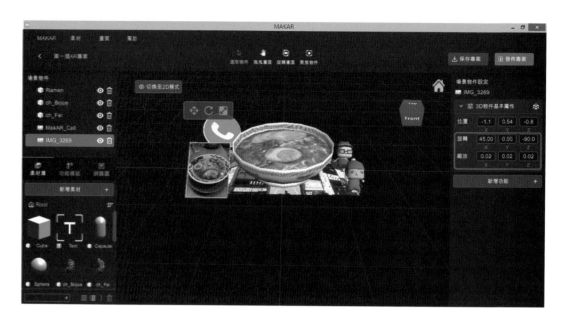

圖（CH5-062）

　　繼續在素材庫的新增素材選擇音樂選項，從電腦中挑選一首準備好的音樂，如圖（CH5-063）所示，選擇完成之後按下開啓，此音樂素材會上傳至伺服器上，如圖（CH5-064）。

圖（CH5-063）

圖（CH5-064）

　　此時剛剛上傳的音樂素材放置在素材庫的 Root，如圖（CH5-065）紅色矩形框選位置所示，將它拖曳至觸發影像上，並且利用位移技巧，將它往上移動，如圖（CH5-066）；惟此動作也可不做，因為音樂素材是不可視的物件；換句話說，音樂物件不會被顯示出來，它的作用是隱藏在背景裡播放音樂。

圖（CH5-065）

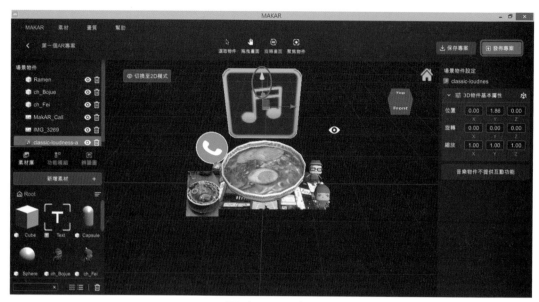

圖（CH5-066）

到目前為止，我們共計加了三個 3D 模型、一張電話圖示影像、一張拉麵食物影像、一首音樂；換句話說，此 AR 專案共計有六種素材物件。再一次按下圖（CH5-066）右上角藍色底按鈕的「發佈專案」，將此專案發佈出去，一個 AR 專案就完成更新囉！發佈專案後，會再跟開發者確定是否上傳這個專案，直接點「確認」就好了，如圖（CH5-067）。成功上傳專案後，會出現將您的 ID 分享給其他人的訊息，如圖（CH5-068）所示。

圖（CH5-067）

圖（CH5-068）

按下圖（CH5-068）的確認後，畫面將會回到 MAKAR 的編輯主頁，可以發現「第一個 AR 專案」的縮圖跟之前的縮圖有些不一樣了，代表已成功更新此專案，如圖（CH5-069）所示。

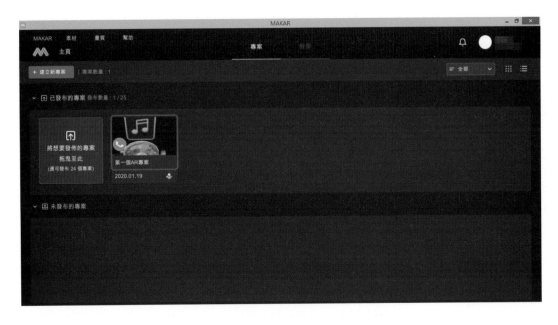

圖（CH5-069）

　　最後在 MAKAR App 所顯示的 AR 效果，如圖（CH5-070）所示。除了原本的 3D 模型拉麵外，還額外多了兩個人形的 3D 模型、一張電話圖示影像、一張拉麵食物影像，以及畫面上看不到卻聽得到有背景音樂正在播放。

圖（CH5-070）

5-5 MAKAR 在 AR 專案可加入互動功能

　　本章節一樣沿用上個章節的結果繼續編輯下去。MAKAR 在互動功能包含有開啟網頁、撥打電話、傳送郵件、去背、播放音樂、切換動畫、顯示圖片、顯示模型、顯示影片以及離開時重設等互動功能。由於互動功能眾多，本章節將舉「開啟網頁」、「撥打電話」這兩個互動功能為代表說明之。

　　再次回到 MAKAR 編輯主頁，並且在已發佈的專案區如圖（CH5-071）紅色矩形框選的「編輯專案」點一下。

圖（CH5-071）

　　在場景物件裡，我們先選「MakAR_Call」物件，也就是電話圖示影像，接著在編輯區的右側，點一下「新增功能」裡的「撥打電話」，如圖（CH5-072）。

圖（CH5-072）

　　將該「撥打電話」屬性值設為常用的手機號碼或市話皆可，如圖（CH5-073）紅色矩形

框選位置。

圖（CH5-073）

再次回到在場景物件裡，我們再選另外的影像物件，也就是拉麵食物影像物件，接著在編輯區的右側，點一下「新增功能」裡的「開啓網頁」，如圖（CH5-074）。

圖（CH5-074）

　　將該「開啓網頁」屬性值設爲您想開啓哪個網站的網址，貼在如圖（CH5-075）紅色矩形框選位置。

圖（CH5-075）

　　最後將已新增兩個互動功能的 AR 專案，發佈出去，如圖（CH5-076）。至於發佈後續的流程就不再說明，步驟跟之前完全一樣。

圖（CH5-076）

再次打開 MAKAR App 觀看 AR 互動功能，點一下電話圖示，會跳出是否要通話，如圖（CH5-077）所示；點一下拉麵影像物件，就會開啓網頁，如圖（CH5-078）。

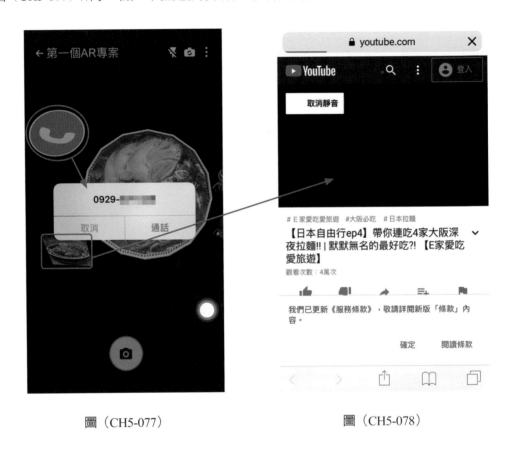

圖（CH5-077）　　　　　　　　圖（CH5-078）

5-6 MAKAR 空間辨識

MAKAR 也提供 AR 空間辨識的功能，說白話就是 AR 物件直接呈現在眞實環境，並且不需要影像或圖卡辨識才能顯示對應 AR 物件。也就是說，在實作 AR 空間辨識不需要準備辨識影像，只需準備好 3D 模型就大功告成了。

筆者從 MAKAR 的編輯主頁開始，如圖（CH5-079）紅色圓角矩形「＋建立新專案」所示。

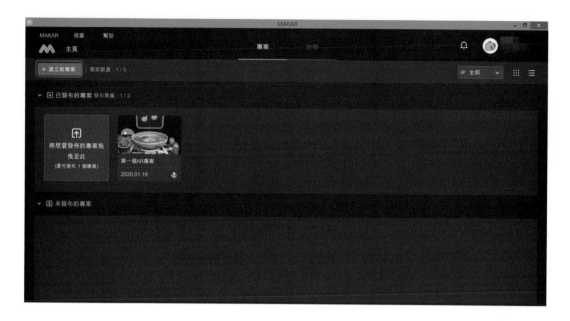

圖（CH5-079）

　　接著在 AR 頁籤選擇「空間辨識」，如圖（CH5-080）紅色圓角矩形所示。右側的專案資訊至少要有專案名稱，筆者在此以「AR 空間辨識」為名，並開啟 AR Kit/Core，最後按下右下角的「確定」，就會進入 AR 空間辨識的編輯介面，如圖（CH5-081）所示。順便一提，若關閉 AR Kit/Core 的話，到時候是以第一人稱的角度觀賞 AR 物件，後面會再示範。

圖（CH5-080）

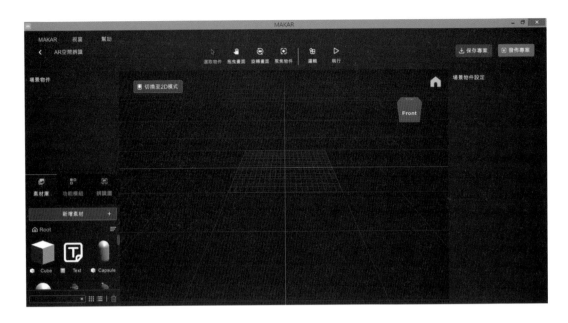

圖（CH5-081）

在此，筆者從左下角素材庫的 3D 動畫人物直接拖曳到模型編輯區大約中間位置，緊接著按下右上角的「發佈專案」，如圖（CH5-082）所示。發佈後，會跳出警告的對話方塊，是否確定上傳這個專案，預設為上傳後的專案為公開狀態，沒問題就直接按確認，如圖（CH5-083）所示。

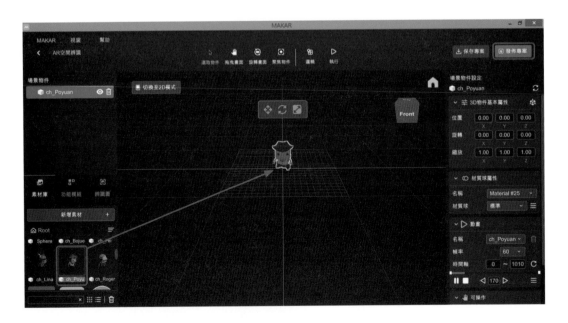

圖（CH5-082）

圖（CH5-083）

　　專案上傳過程共有四個過程，分別是上傳預覽圖、專案上傳成功的確認畫面、匯入專案資料、以及最後的AR/VR 編輯主頁顯示已發佈的專案，分別如圖（CH5-084）、圖（CH5-085）、圖（CH5-086）和圖（CH5-087）所示。

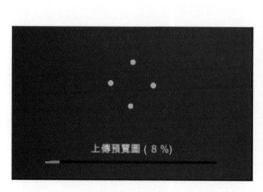

圖（CH5-084）

圖（CH5-085）

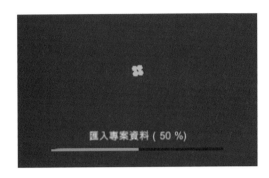

圖（CH5-086）　　　　　　　　　　圖（CH5-087）

　　一切準備就緒後，接著就在行動載具上打開 MAKAR APP，在搜尋頁籤上搜尋 AR 專案作者名稱，點進該作者的圖像後，即可看到該作者所有的專案作品，再選「AR 空間辨識」專案，之後直接點選底下的「開始體驗」，分別如圖（CH5-088）、圖（CH5-089）和圖（CH5-090）所示。

圖（CH5-088）　　　　　圖（CH5-089）　　　　　圖（CH5-090）

此時，MAKAR 會透過相機自動偵測適當擺放物件的環境，如圖（CH5-091）所示。使用者如果覺得某個位置可以，點一下螢幕就可以將此 3D 模型定位在此如圖（CH5-092）所示。這時候也可以透過兩指縮放 3D 模型的大小，如圖（CH5-093）所示。

圖（CH5-091）　　　　　圖（CH5-092）　　　　　圖（CH5-093）

圖（CH5-094）是筆者把鏡頭移開，隱約看到 3D 模型人物在右側，其 3D 模型並非固定在畫面中間；圖（CH5-095）是筆者再度把相機方位移回來；至於圖（CH5-096）是要測試 MAKAR 是否具備 3D 物件的遮蔽功能，筆者透過取景角度想要製造此 3D 模型只露出頭部，身體部分則會因爲遮蔽物的關係而隱藏起來，測試結果看起來並無此功能，有些可惜。

在空間辨識一開始，筆者有提到若關閉 AR Kit/Core 的話，會以第一人稱的角度觀賞 AR 物件，這裡即將示範如何關閉 AR Kit/Core。首先筆者再度回到 AR/VR 編輯主頁的「AR 空間辨識」專案，將滑鼠游標移至上方，在圓形裡三個點的圖示點一下，再選「設定專案」，如圖（CH5-097）所示。可看到如圖（CH5-098）的專案設定畫面。

圖（CH5-094）　　　　圖（CH5-095）　　　　圖（CH5-096）

圖（CH5-097）

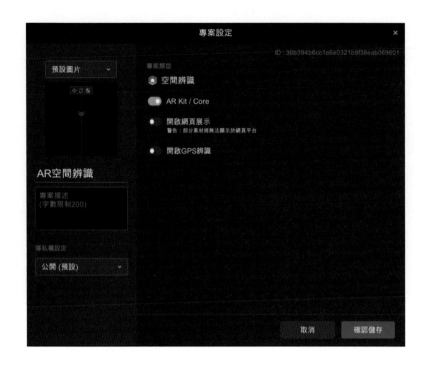

圖（CH5-098）

只要將圖（CH5-099）紅色圓角矩形的 AR Kit/Core 點一下關閉即可，再點右下角的「確認儲存」，就會再度回到 AR/VR 的編輯主頁，如圖（CH5-100）所示。

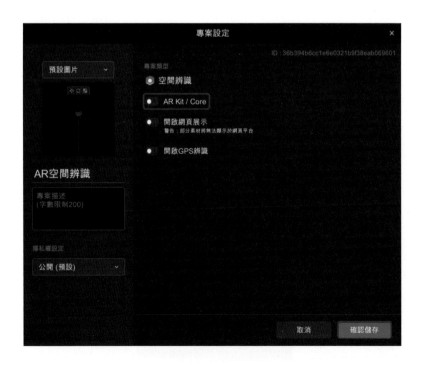

圖（CH5-099）

圖（CH5-100）

　　此時再打開 MAKAR APP，一樣是打開「AR 空間辨識」專案，相機開啓後，會發現什麼東西都沒有，只有眞實環境，這是因爲剛剛的設定是以 3D 物件爲第一人稱視角。例如一些 3D 射擊遊戲或賽車遊戲，當切換到第一視角時，不會看到自己完整的樣子，只能看到現在所處的環境。

圖（CH5-101）

　　接著筆者試著把 3D 物件從中間稍微往後退，並且在右方再放入另一個 3D 模型，再看看結果如何。

　　在此，一樣回到 AR/VR 編輯主頁，這次要點「編輯專案」如圖（CH5-102）所示。之後會看到空間辨識的編輯畫面，如圖（CH5-103）所示。

圖（CH5-102）

圖（CH5-103）

　　在這裡，首先筆者將原先的 3D 模型以移動工具往後退，如圖（CH5-104）所示、接著再抓進另一隻 3D 模型，並且放在編輯畫面的右側，並以旋轉工具將其面向中心點，然後點擊右上角的「發佈專案」如圖（CH5-105）所示，最後確認要上傳這個專案即可，如圖（CH5-106）所示。

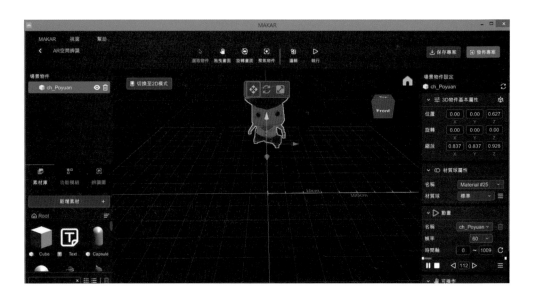

圖（CH5-104）

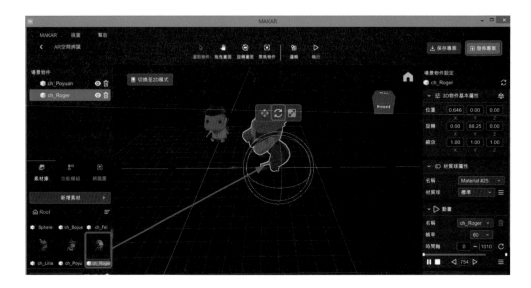

圖（CH5-105）

圖（CH5-106）

　　再度開啓 MAKAR APP 的「AR 空間辨識」專案，相機開啓之時，自己旋轉一下方位可看到其中一隻 3D 模型，再往右方或左方旋轉 90 度，可看到另外一隻 3D 模型，分別如圖（CH5-107）和圖（CH5-108）所示。

圖（CH5-107）

圖（CH5-108）

5-7 結語

　　MAKAR | AR/VR 編輯器提供了很強大的功能，供開發者不只開發 AR 專案，也可以開發 VR 專案，本書僅以 AR 主題做介紹，包含以影像辨識為基礎的 AR、以及不須影像辨識的 AR 空間辨識技術。至於 MAKAR | AR/VR 編輯器優缺點的比較，將以表格整理如下：

優點	缺點
· 支援多種素材格式：影像、3D 模型、影片、音樂、全景素材，甚至是內嵌 Youtube 影片 · 可開發 AR 影像辨識專案或是 AR 空間辨識專案 · 可開發 AR 和 VR 專案	· 不像 ARTIVIVE 可線上編輯，必須下載客戶端程式進行操作 · 觀看他人專案需要搜尋開發者 ID 名稱，雖有關注功能作彌補，但還是有失「無標記式 AR」的直覺精神，造成觀看者的困擾

第六章　BuildAR

前言

BuildAR 是 HIT Lab NZ 發展的簡易式擴增實境程式，可製作 3D 擴增實境場景，讓大家與現實世界和虛擬的物體能在同一時間互動。BuildAR 使用標記式的追蹤方式，非常適合應用於娛樂、教育、銷售、設計、建築等其他感興趣的領域。BuildAR 有分幾個版本，本書僅以 BuildAR 免費版本進行介紹。

6-1 如何下載 BuildAR

過去，BuildAR 在有標記式的 Marker AR 是經典必玩之作，可惜於近期不再提供版本更新以及下載服務，實在可惜。有鑑於此，本書將 BuildAR 免費版安裝檔放置於 Google 雲端硬碟空間，供讀者下載試玩過去的經典之作，其短網址為「https://reurl.cc/Y1ERao」，如圖（CH6-001），點選「下載」後會看到如圖（CH6-002）的另存新檔視窗，放置於讀者習慣的下載儲存位置。

圖（CH6-001）

圖（CH6-002）

6-2 安裝 BuildAR

將下載後的「BuildAR_Installer_1.1.exe」圖示，如圖（CH6-003）點兩下進行安裝。

圖（CH6-003）

安裝時會出現 BuildAR Setup: License Agreement 使用授權協議，點選「I Agree」，如圖（CH6-004）。

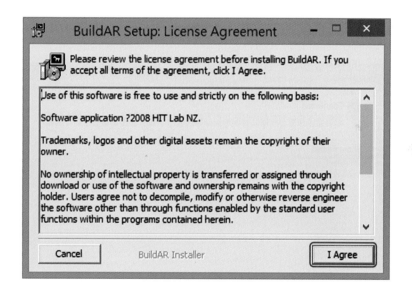

圖（CH6-004）

在 BuildAR Setup: Installation Folder 安裝資料夾中，選擇你要安裝 BuildAR 的路徑，直接點選「Install」進行安裝，如圖（CH6-005）。

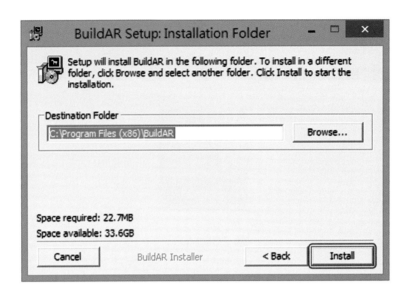

圖（CH6-005）

最後 BuildAR Setup: Completed 安裝完成，點選「Close」，如圖（CH6-006）。

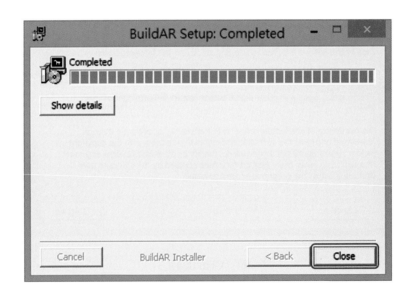

圖（CH6-006）

從所有程式中找出「BuildAR」資料夾，點選 BuildAR 即可開啓程式，如圖（CH6-007）。爲了日後執行方便，建議可將程式新增捷徑至桌面上，如圖（CH6-008）。

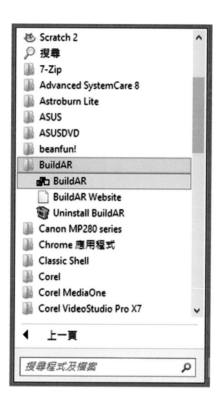

圖（CH6-007）

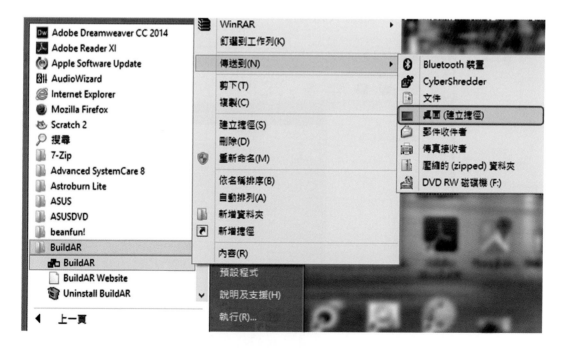

圖（CH6-008）

6-3 認識 BuildAR

執行 BuildAR 後，會跳出 Property Sheet 對話視窗，可根據您攝影機解析度來調整「輸出大小」，一般都使用預設值，接著點選「確定」即可，如圖（CH6-009）。

圖（CH6-009）

BuildAR 使用介面，分爲「功能表列」、「功具列」、「場景樹狀區」、「虛擬物件調整區」、「畫面顯示區」，如圖（CH6-010）。

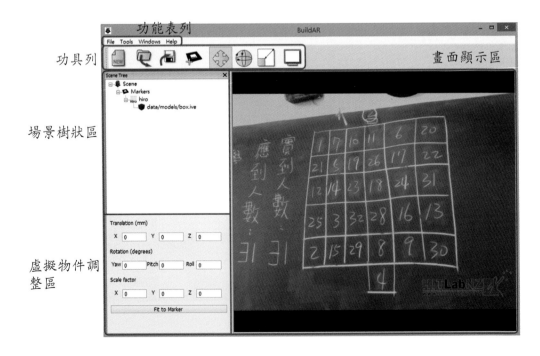

圖（CH6-010）

6-3-1 列印內建圖卡

　　相信到了這個步驟，一定很高興可以玩擴增實境了，不過，讀者也一定會發現，怎麼只有攝影機畫面，觸發條件的圖卡呢？沒有圖卡怎麼玩擴增實境，預設的圖卡檔案放在 BuildAR 安裝目錄的資料夾中，C:\Program Files (x86)\BuildAR\data\patterns，如圖（CH6-011）。只要將 patterns 資料夾中的「pattHiro.pdf」與「pattKanji.pdf」兩張圖卡列印出來就可以囉！

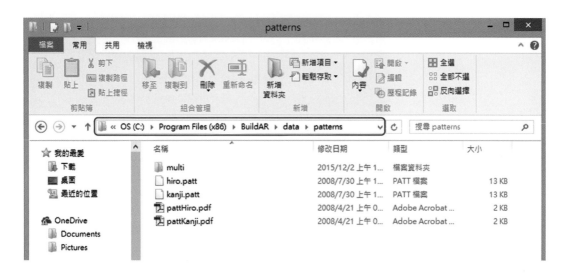

圖（CH6-011）

　　開啟「pattHiro.pdf」與「pattKanji.pdf」，會分別得到如圖（CH6-012）黑白色圖卡，可直接列印出來，或是以網路攝影機直接對本書的這兩張圖拍攝，觀察看看會出什麼東西？

圖（CH6-012）

6-3-2 簡介 BuildAR 操作介面

接下來，筆者將一一介紹各種介面操作，首先，當然是必須開啓BuildAR，如圖（CH6-013）。

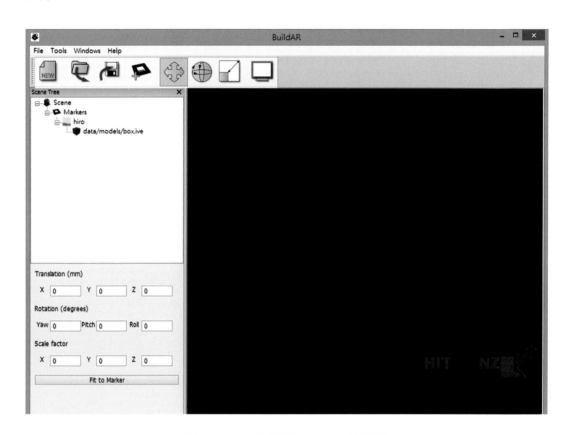

圖（CH6-013）開啓 BuildAR 的畫面

疑！完全沒有畫面、怎麼完全沒有畫面！？原來是網路攝影機沒有放好啦！或是您的網路攝影機若是有蓋子的話記得要拿下來喔！

接著把網路攝影機的位置架好、圖卡放在適當的位置，初始的藍色立方體物件立即出現在顯示器裡了，如圖（CH6-014）。

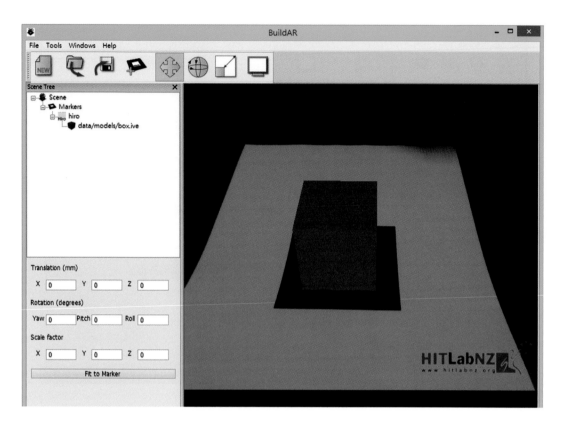

圖（CH6-014）初始藍色立方體物件

6-3-3 如何移動 3D 物件位置

　　注意喔！BuildAR 工具列預設開啟 Translate，也就是可以移動 3D 物件的位置，如圖（CH6-015）紅色矩形所框選的選項。

圖（CH6-015）預設開啟 Translate

　　點一下物件可利用滑鼠分別滑動 X、Y、Z 軸，它會以平移的路徑移動位置，分別如圖（CH6-016）、圖（CH6-017）、圖（CH6-018）和圖（CH6-019）。

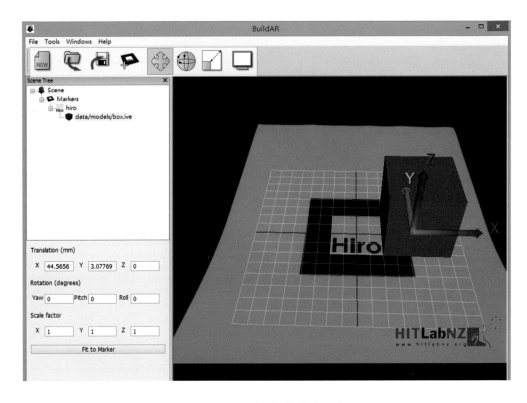

圖（CH6-016）往右滑動 X 軸

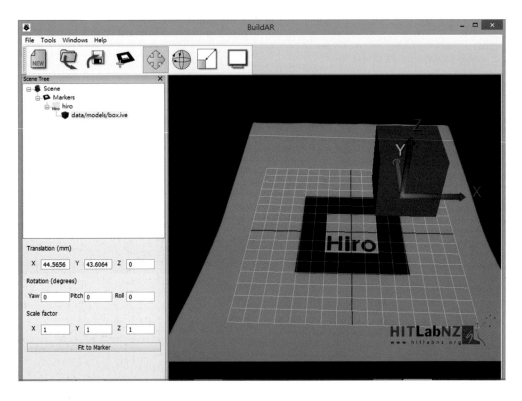

圖（CH6-017）往上滑動 Y 軸

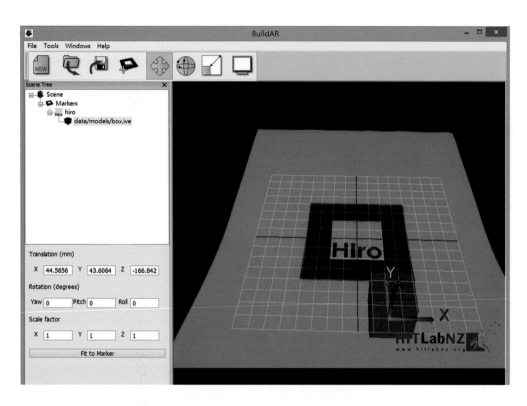

圖（CH6-018）往下滑動 Z 軸

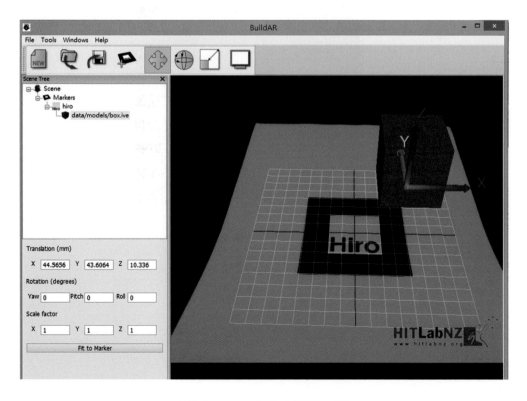

圖（CH6-019）往上滑動 Z 軸

6-3-4 如何轉動 3D 物件角度

　　將工具列切換到 Rotate 的選項，即可轉動 3D 物件，如圖（CH6-020）紅色矩形所框選的選項。

圖（CH6-020）切換為 Rotate

　　一樣利用滑鼠分別滑動 X、Y、Z 軸，它會以旋轉的方式轉動物件的角度，分別如圖（CH6-021）、圖（CH6-022）和圖（CH6-023）。

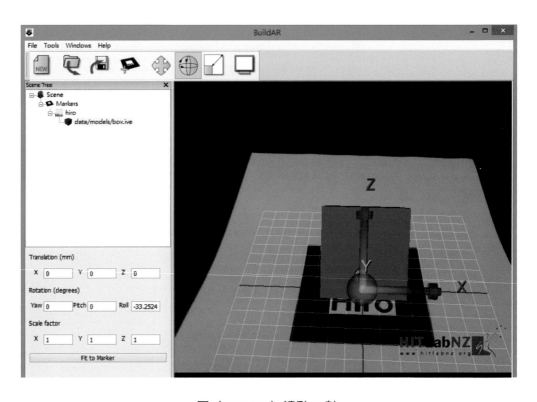

圖（CH6-021）轉動 X 軸

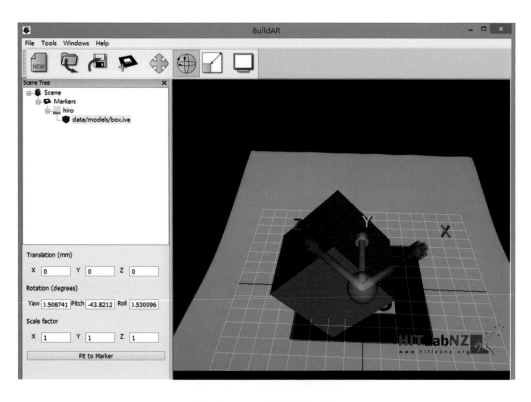

圖（CH6-022）轉動 Y 軸

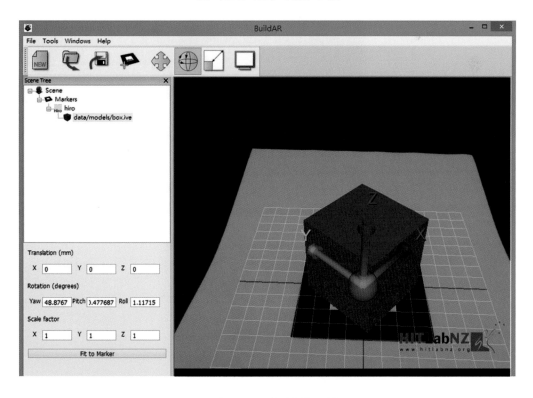

圖（CH6-023）轉動 Z 軸

6-3-5 如何縮放 3D 物件大小

最後，將工具列切換到 Scale 的選項，如圖（CH6-024）紅色矩形所框選的選項。

圖（CH6-024）切換為 Scale

利用滑鼠分別滑動 X、Y、Z 軸，它會以放大或縮小的方式變換物件的大小，分別如圖（CH6-025）、圖（CH6-026）和圖（CH6-027）。

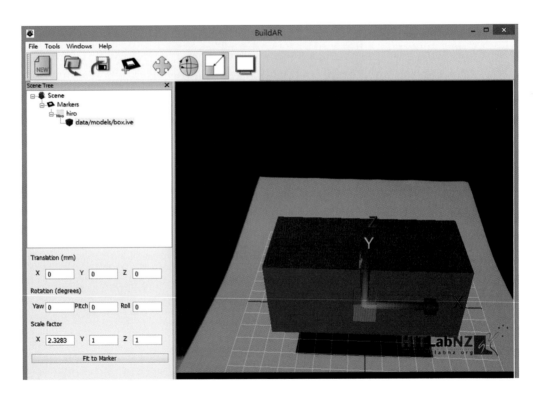

圖（CH6-025）往右滑動 X 軸的結果

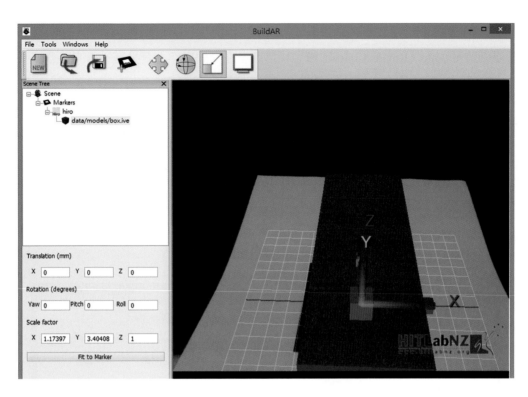

圖（CH6-026）往上滑動 Y 軸的結果

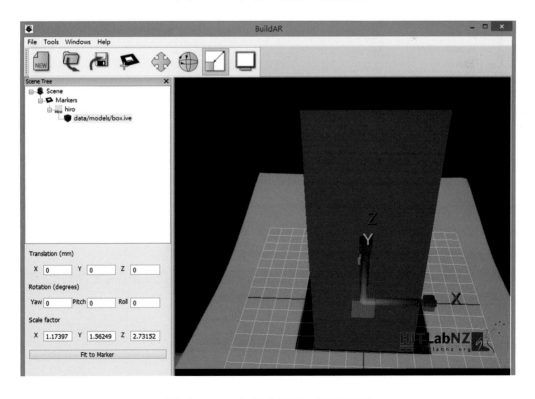

圖（CH6-027）往上滑動 Z 軸的結果

6-3-6 如何更換內建 3D 物件

看完 Translate、Rotate 和 Scale 後，相信讀者在介面操作上有更進一步的熟悉了。但是，擴增實境的物件不會永遠只是個藍色的立方體物件吧！？那要如何進行圖卡對應物件的更換呢？接下來，將為各位讀者介紹如何更換物件。首先，我們再新增一個圖卡來介紹，分別如圖（CH6-028）和圖（CH6-029）。

圖（CH6-028）新增圖卡的工具鈕

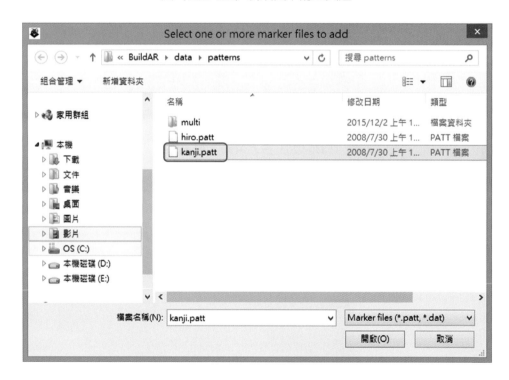

圖（CH6-029）選擇另一個 kanji.patt 圖卡

這時你會發現左邊場景樹狀區多出一個 Kanji 圖卡選項，並且請注意它所對應的物件仍是 box.ive，也就是初始的藍色立方體物件，如圖（CH6-030）。

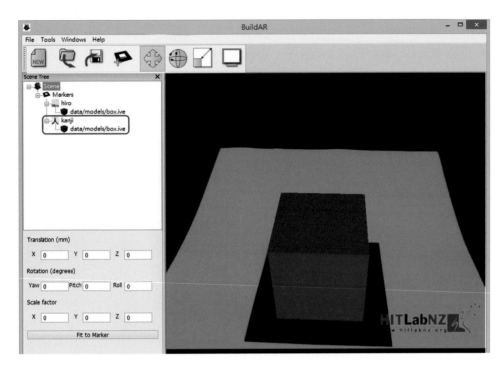

圖（CH6-030）換另一張 kanji.patt 圖卡仍顯示藍色立方體物件

更換物件只要對著「data/models/box.ive」連點滑鼠左鍵兩下，就可以更換囉！本例以 BuildAR 所附的另一個 .ive 動態物件檔作替換，如圖（CH6-031）。

圖（CH6-031）更換 hitlab.ive 物件檔

更換完「hitlab.ive」之後，再取出人字型圖卡並且以網路攝影機拍攝，此時就會出現 HITLab 的圖示並且以順時針的方式旋轉，如圖（CH6-032）。

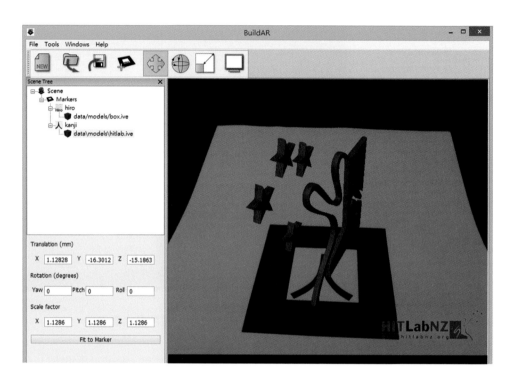

圖（CH6-032）hitlab.ive 物件檔以順時針的動畫呈現

其實，讀者亦可於網路上搜尋相關 3D 物件檔來替換，如 .3DS 或 .IVE 等，筆者建議將這些物件檔放於「BuildAR/data/models」底下的目錄，分別如下圖（CH6-033）、圖（CH6-034）和圖（CH6-035）。

圖（CH6-033）建議把物件檔放於 models 資料夾

圖（CH6-034）選擇從網路上所下載的 .3DS 物件

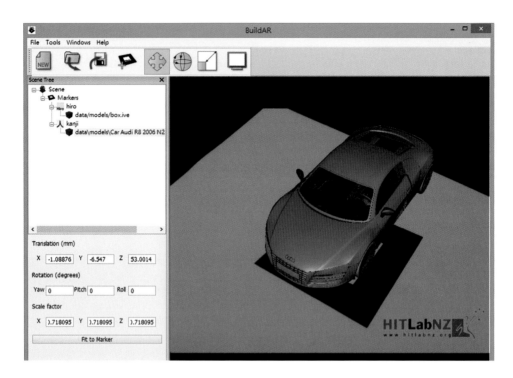

圖（CH6-035）更換 3D 物件

6-3-7 如何更換 BuildAR 內建圖卡

　　學會了更換 3D 物件後，讀者閱讀到這邊可能會有疑問，那就是有沒有辦法替換內建的圖卡或是自己設計圖卡來對應 3D 模型呢？答案當然是肯定的！

　　接下來，筆者將介紹如何以 BuildAR 建立自己設計的圖卡，首先，點選 Tools 功能表列選擇「Generate Patterns…」，如圖（CH6-036），接著會看到如圖（CH6-037）設計圖卡的編輯介面。

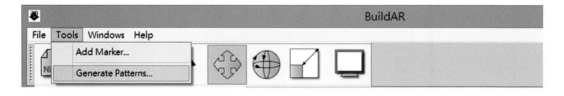

圖（CH6-036）到 Generate Patterns…

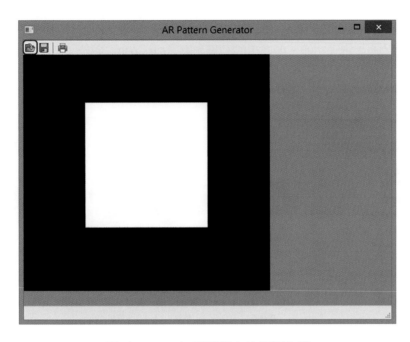

圖（CH6-037）設計圖卡的編輯介面

　　在圖（CH6-037）設計圖卡的編輯介面裡，左上角紅色矩形所框選的選項為「Open Image File」打開影像檔，將圖卡內容以影像檔案載入進來，BuildAR 所支援的圖卡影像檔僅有 BMP 和 GIF 格式而已，如圖（CH6-038）紅色矩形所框選的範圍所示，常見的 JPG 格式並不支援，需稍微注意一下。

圖（CH6-038）設計圖卡的編輯介面

　　筆者事先用小畫家簡易建立一張文字類型的 BMP 圖檔，如圖（CH6-039），再套用 BuildAR 內建的產生圖卡功能，所產生的結果如圖（CH6-040）所示。

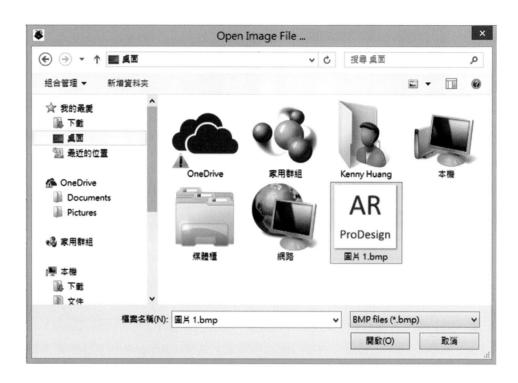

圖（CH6-039）打開自行設計的 BMP 圖檔

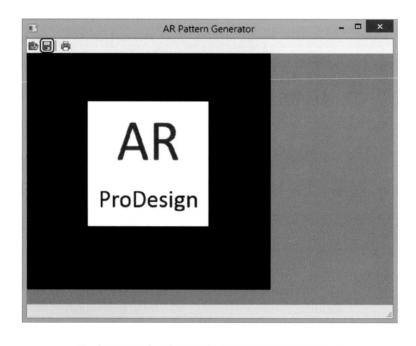

圖（CH6-040）用自行設計的圖檔所產生的圖卡

　　將產生的圖卡進行儲存，如圖（CH6-040）紅色矩形所框選的選項點選之後，就可以進行存檔，建議將圖卡檔案儲存於「patterns 資料夾」，如圖（CH6-041）紅色矩形所框選的路徑裡。

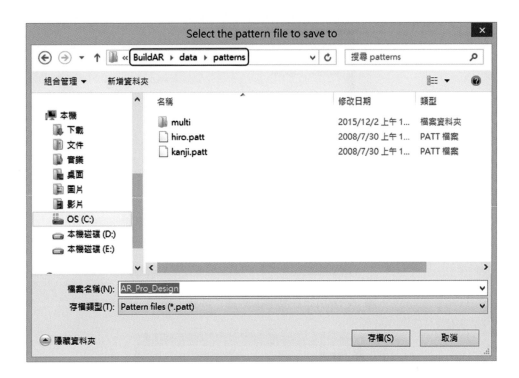

圖（CH6-041）建議儲存在 patterns 資料夾裡

　　再來，我們在目前的場景（Scene）再新增圖卡，點選如圖（CH6-042）紅色矩形所框選的選項，選擇剛剛建立的「AR_Pro_Design.patt」圖卡檔案，就會看到如圖（CH6-043）紅色矩形所框選的場景樹（Scene Tree）裡，多出剛剛新增的標記（Marker）圖卡。

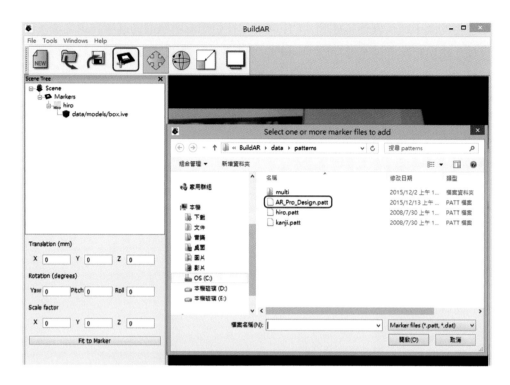

圖（CH6-042）選擇剛剛建立的圖卡檔案

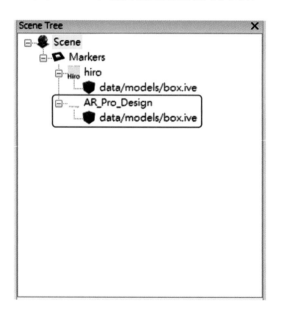

圖（CH6-043）場景樹多出剛剛新增的標記圖卡

針對「data/models/box.ive」預設路徑之「box.ive」的 3D 模型，然後點選兩下進行更換模型，將原本 models 資料夾裡的「box.ive」換成「Car Audi R8 2006 N250211.3DS」，然後點選開啟，如圖（CH6-044）。

圖（CH6-044）更換 3D 模型

　　接下來，你會發現左側場景樹狀圖的 3D 模型路徑，已經完成更換了，如圖（CH6-045）。之後，只要拿起列印好自己製作的圖卡，就會產生對應的 3D 模型囉！如圖（CH6-046）。

圖（CH6-045）更換 3D 模型後的場景樹狀圖

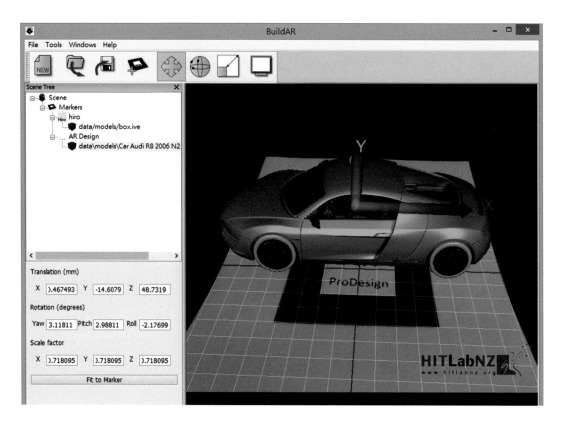

圖（CH6-046）特定圖卡產生特定對應的 3D 模型

　　比較奇怪的地方是，彩色內容的圖卡無法被辨識進而產生對應模型，如圖（CH6-047）。弔詭的是，當初筆者設計並且儲存的圖卡確實是彩色內容的圖卡，反而是黑白色彩內容的圖卡才可以被辨識進而產生對應的模型，如圖（CH6-048），將同內容但不同顏色組成的圖卡一起放到同樣的網路攝影機一起拍攝，結果只有黑白圖卡能產生對應模型；而彩色圖卡卻產生不出來。在這邊，筆者建議若要維持產生模型的穩定性，不管是設計圖卡或是列印圖卡時，盡量以高對比度的黑白兩色為圖卡內容比較妥當，避免日後辨識困難而徒增無法產生對應的模型之麻煩。

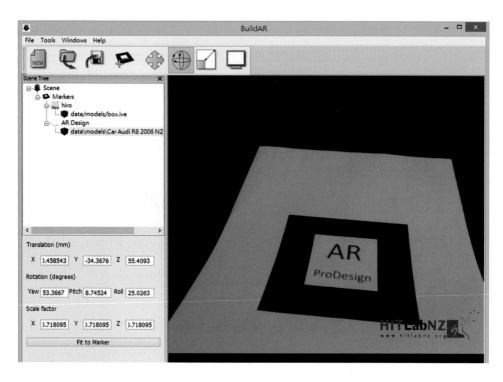

圖（CH6-047）彩色內容的圖卡無法辨識進而產生對應模型

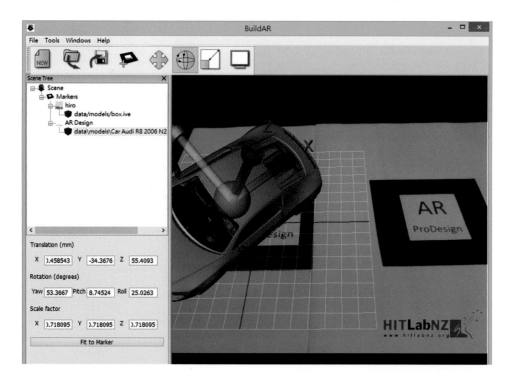

圖（CH6-048）將兩張相同內容但不同顏色的圖卡同時放到網路攝影機一起拍攝

6-3-8 如何儲存自己設定的專案場景

在新增自己的圖卡到場景樹狀圖並且更換對應的 3D 模型後，我們就把這個場景給儲存起來，儲存場景在如圖（CH6-049）紅色矩形所框選的選項，可注意一下存檔類型為 XML 格式，輸入完檔案名稱後即可存檔保留場景。

圖（CH6-049）將目前的場景以 XML 格式儲存起來

此作法的好處是：每當完成新增圖卡並且建立好對應的 3D 模型後，下次再度使用 BuildAR 就不用再重複上次的步驟，如新增圖卡及改變對應的 3D 模型；更何況，當場景樹狀圖的專案愈來愈多時，並不可能每次開啓 BuildAR 後都還要花許多時間去一一新增圖卡及設定對應的 3D 模型。換句話說，當 BuildAR 關閉後再度開啓，我們只要記得再去開啓上次儲存的 XML 檔，如圖（CH6-050）紅色矩形所框選的選項，就可以繼續編輯專案或直接玩起有標記式的擴增實境了。

圖（CH6-050）開啓上次儲存的 XML 格式後，就能繼續編輯或直接玩擴增實境

　　當開啓上次儲存的 XML 檔案之後，從圖（CH6-051）得知我們上次儲存的專案才兩個而已，除了原本預設的「hiro」專案之外，再多出「AR_Pro_Design」專案，各位讀者可以想像一下，當專案已經累積到數十個甚至上百個時，直接載入 XML 檔絕對是聰明的作法，前提是記得儲存 XML 檔哦！

圖（CH6-051）開啓上次儲存的 XML 檔案後之場景樹狀圖

場景載入後，我們先以 BuildAR 的平移模式移動 3D 模型，如圖（CH6-052）紅色矩形所框選的選項，其呈現結果如下；另外，也可以試試旋轉模式，來轉動 3D 模型，如圖（CH6-053）紅色矩形所框選的選項，其呈現結果如下。

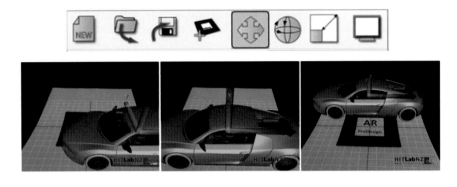

圖（CH6-052）利用平移模式分別平移 X、Y、Z 軸

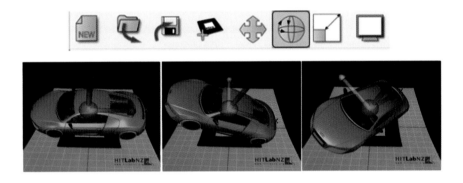

圖（CH6-053）利用旋轉模式分別轉動 X、Y、Z 軸

最後，還有比率模式，可分別沿著 X、Y、Z 軸，去縮放 3D 模型本身的比率。例如：沿著 X 軸往外拉，車身長度變得更加細長；沿著 Y 軸往外拉，車身寬度變得更寬；沿著 Z 軸往上拉，車身高度變得更高，其結果分別如圖（CH6-054）所示。

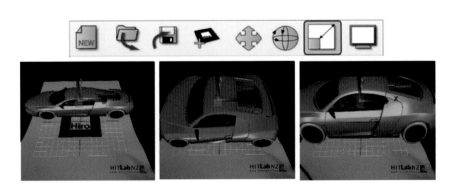

圖（CH6-054）利用比率模式延伸模型的 X、Y、Z 軸

6-4 結語

對於 BuildAR 應用軟體，筆者總結一下心得評比：

優點	缺點
1. 它是一套可免費使用的應用程式。 2. 無須修改程式碼或參數，上手門檻不高。 3. 支援製作 .patt 格式的辨識圖卡，此格式還可以應用在下一章節的 FLARToolKit 圖卡辨識上。	1. 跟之前的 Artivive 和 Makar 相比，編輯介面比較不友善。 2. 3D 模型格式僅支援 .3ds 和 .ive，如果可以再迎合更多的 3D 模型格式那就更完整了。 3. 辨識觸發影像的部分，BuildAR 需要粗黑色方框和黑白色相間的內容，感覺較為死板；相較於 Artivive 和 Makar 可以直接辨識影像內容當觸發條件，對於 AR 來說較為活潑和直覺。 4. 不支援播放影片，更不用說後續的觸發條件。 5. 僅適合在桌電或筆電運作，無法呈現在行動裝置上。

6-5 免費 3D 模型資源

6-5-1 Archive3d

然而，每個人所學專長不一，並非人人美術或設計的天份都很好，若要重頭開始培養設計的美學感不但曠日廢時，學習繪畫 3D 模型又是另一門專業的技能，若有現成的 3D 模型直接套用，相信入門的門檻會降低許多。在此，筆者推薦數個可以免費下載 3D 模型的網站，例如：http://archive3d.net/，如圖（CH6-055）。

圖（CH6-055）Archive3d 提供許多免費 3D 模型

可透過紅色矩形所框選的「Search」搜尋您想要的模型，筆者以「Building」關鍵字來
搜尋 3D 模型，如圖（CH6-056）。

Building Designers Melbourne - Learn More
Ad https://www.izito.co.in/search/quick_results ▼
Discover Building Designers Melbourne. Find Quick Results from Multiple Sources. Get Building
Designers Melbourne. Get Instant Quality Results at iZito Now! Find Related Results Now. Discover
Quality Results. Powerful and Easy to Use. संबंधित परिणाम अभी पाएं. संबंधित जानकारी अधिक पाएं. 100+
Qualitative Results. Get More Related Info.

▶ Visit Website

Building
archive3d.net › tag=building
Download Free 3D Objects.

Building N170521 | Buildings and Houses - Archive 3D
archive3d.net › ...
 Category: Buildings and Houses. Size: 16.39MB. Downloads: 1733. Added by:
Mostafa Al Hallak. Resource: Free 3d models. Additional Info: Building
N170521 ...

Building N291212 - 3D model (*.gsm+*.3ds) for exterior 3d ...
archive3d.net › ...
 Download Free 3D Objects.

Building N080808 - 3D model (*.gsm+*.3ds) for interior 3d ...
archive3d.net › ...
 Category: Buildings and Houses. Size: 2.00MB. Downloads: 8810. Added by:
Tami Rino. Resource: Free 3d Models. Additional Info: Building N080808 - 3D
model ...

Building N250814 - 3D model (*.gsm+*.3ds) for exterior 3d ...
archive3d.net › ...
 Category: Buildings and Houses. Size: 2.17MB. Downloads: 6556. Added by:
Mark. Resource: Free 3d models. Additional Info: Building N250814 - 3D
model ...

圖（CH6-056）以「Building」關鍵字搜尋

在此，筆者選擇廣告區以外的第一筆搜尋的資料，其搜尋 3D 模型的結果如圖（CH6-057）所示。

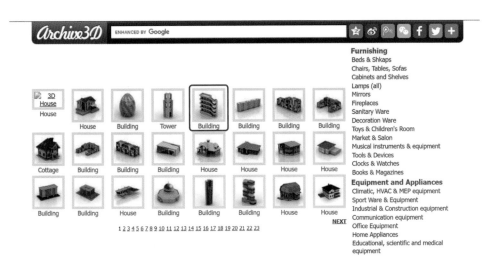

圖（CH6-057）以「Building」關鍵字搜尋 3D 模型的結果

至於下載 3D 模型的步驟，筆者以圖（CH6-057）紅色矩形所框選的「Building」3D 模型當作下載例子。首先，點選該模型後，會出現如圖（CH6-058）的下載介面，其顯示的資訊包含「Category」種類、「Size」檔案大小、「Downloads」下載次數等資訊，點選底下紅色矩形的「DOWNLOAD」，就會進入如圖（CH6-059）的同意使用規範，若沒有問題的話再選擇「Download」即可下載此 3D 模型囉！

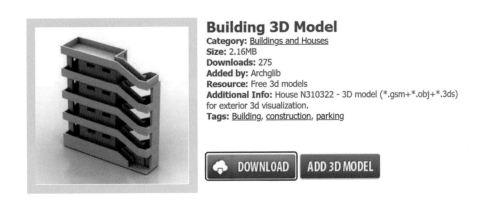

圖（CH6-058）「Cathedral」3D 模型的下載介面

圖（CH6-059）下載 Archive3d 的 3D 模型需同意使用規範

6-5-2 Free3D

Free3D 的網址爲 https://free3d.com/，網站風格如圖（CH6-060）所示，映入眼簾有各種知名建模軟體的分類選項，筆者在此以點選紅色矩形所框選的「Blender 模型」之後，該網站提供各種 3D 模型的分類，如圖（CH6-061）紅色矩形所框選的範圍，包含建築、車輛、人物、飛行器、家具等常見的 3D 模型。

圖（CH6-060）Free3D 的網站

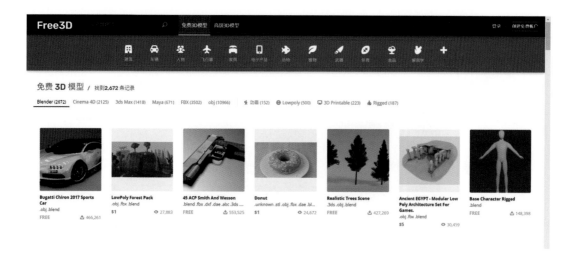

圖（CH6-061）Free3D 提供多種的建模分類

　　在此，筆者隨意找個免費的 3D 模型當作下載例子，如圖（CH6-062）紅色矩形所框選的選項，點選進去後會看到該網頁左方的相關模型，並且幾乎都是付費的精緻模型，如圖（CH6-063）所示；若對於付費模型興趣缺缺，讀者就直接點選網頁約右上方綠色的「下載」按鈕如圖（CH6-063）。

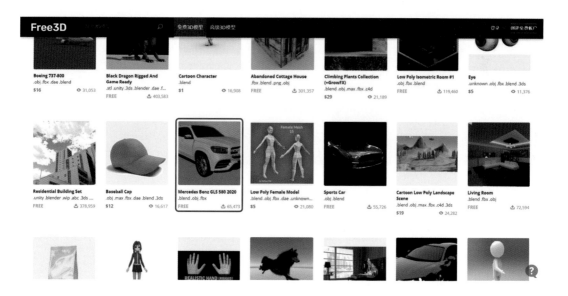

圖（CH6-062）準備下載免費的 3D 模型

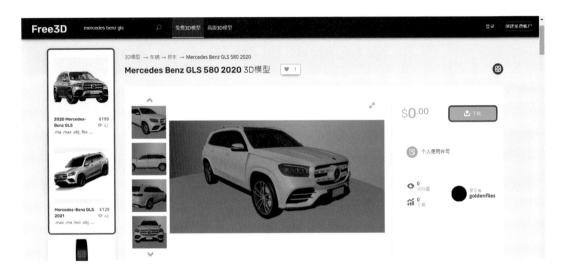

圖（CH6-063）點選「下載」準備下載模型

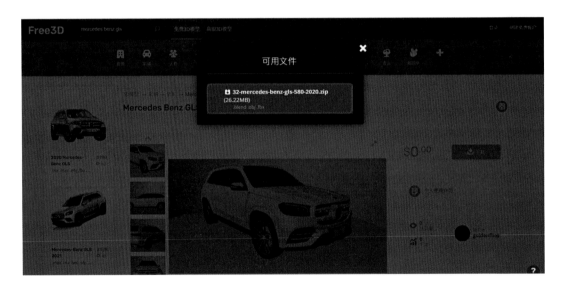

圖（CH6-064）「Moon」3D 模型的下載畫面

在此，選擇紅色矩形所框選的灰底按鈕選項後，就可以進行下載，下載時，會以壓縮檔格式讓讀者下載。其實，讀者可以再多加注意按鈕選項的下方，還有其他 3D 模型格式，代表這個模型它涵蓋了這些格式。

6-5-3 3DXO

3DXO 也提供免費的 3D 模型，其網址為 https://www.3dxo.com/，當開啟該網站後，會發現不僅提供免費的 3D 模型，還有免費的紋理及照片可供大眾使用，如圖（CH6-065）紅色矩形所框選的區域。

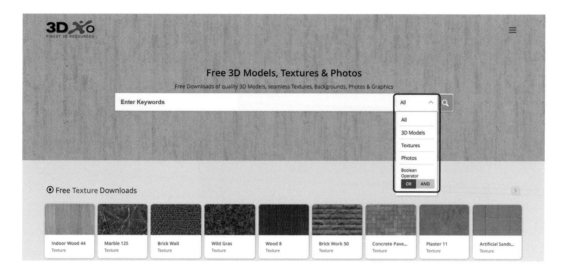

圖（CH6-065）3DXO 網站畫面

在此，我們重點還是擺在 3D 模型，將剛剛看到的網頁繼續往下拉，就可以看到該網站提供的免費 3D 模型了，不過數量並不多，大約共有 182 個免費模型可供使用。至於下載方式非常容易，筆者以圖（CH6-066）紅色矩形所框選的模型當例子。

圖（CH6-066）3DXO 網站提供免費 3D 模型

當點選進去後，會看到如圖（CH6-067）的下載介面，其模型本身顯示的資訊並不多，最具參考價值就僅有該模型的檔案格式而已。本例的模型是 3DS 格式，已被下載 21,995 次，通常下載的時候會以 ZIP 壓縮檔的方式供人下載。

圖（CH6-067）3DXO 模型下載介面

6-5-4 3D Warehouse

3D Warehouse 的網址為 https://3dwarehouse.sketchup.com/，其網站畫面如圖（CH6-068）所示。

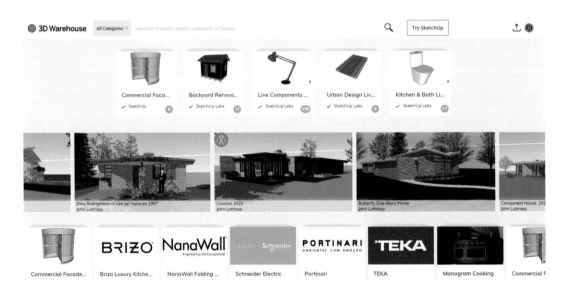

圖（CH6-068）3D Warehouse 的網站畫面

這裡所有的 3D 模型都被 SketchUp 所支援，甚至您可直接開啟線上版 SketchUp Free 軟體後，如圖（CH6-069）的「開始建模」，接下來會看到過往建模的檔案首頁，再點擊上方的「建立新項」，如圖（CH6-070）所示。

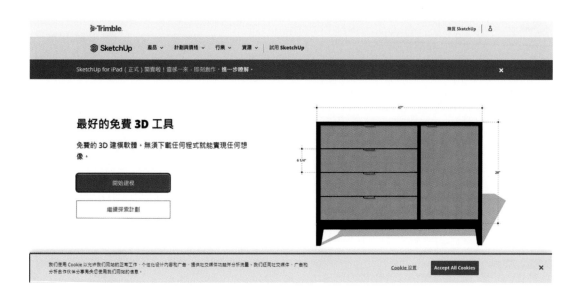

圖（CH6-069）開啟線上版 SketchUp Free

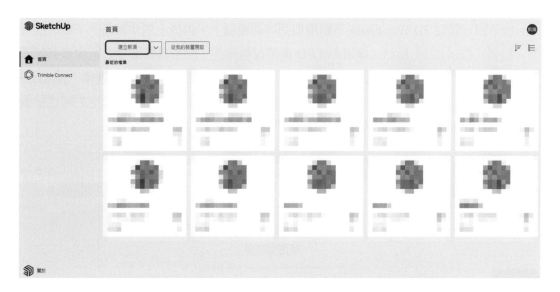

圖（CH6-070）從 SketchUp Free 點擊上方的「建立新項」

再以「匯入」選項選擇從 3D Warehouse 提供下載的模型即可，如圖（CH6-071）所示。

圖（CH6-071）

　　底下將示範從 3D Warehouse 下載模型到本端電腦上，再從上個步驟匯入下載好的模型；如圖（CH6-072）所示，筆者以 LED 桌燈模型為例，點擊該縮圖進去後會看到如圖（CH6-073）的下載畫面，其右下深藍底色的「Download」按鈕點一下後再選擇「SketchUp 2022 Model」，就會出現另存新檔的對話方塊了，把此模型下載到您所指定的路徑位置上，如圖（CH6-074）所示，再點「存檔」即可完成下載。

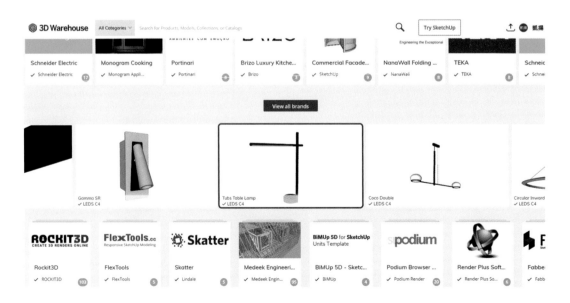

圖（CH6-072）

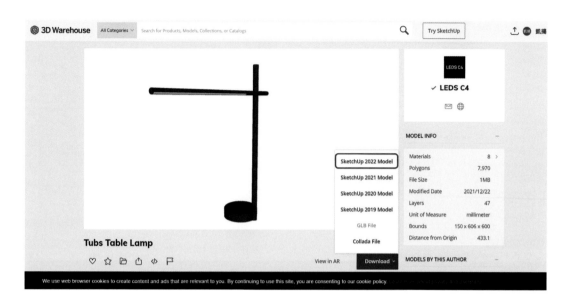

圖（CH6-073）

圖（CH6-074）

　　延續如圖（CH6-071）的匯入，選擇我的裝置如圖（CH6-075）所示，下一步將出現匯入檔案，再點選「我的裝置」如圖（CH6-076）所示，將剛才下載好的 SKP 檔案格式以點選「開啟」按鈕匯入進 SketchUp，如圖（CH6-077）所示。

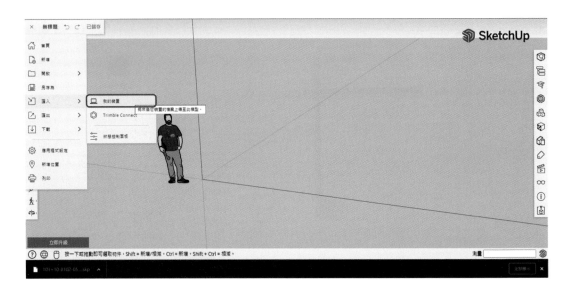

圖（CH6-075）

圖（CH6-076）

圖（CH6-077）

　　匯入檔案的過程中，需再點選作為元件匯入的按鈕，如圖（CH6-078）所示，最後，將此模型放置在您想要的位置上並且左鍵點一下固定位置，如圖（CH6-079）所示。

圖（CH6-078）

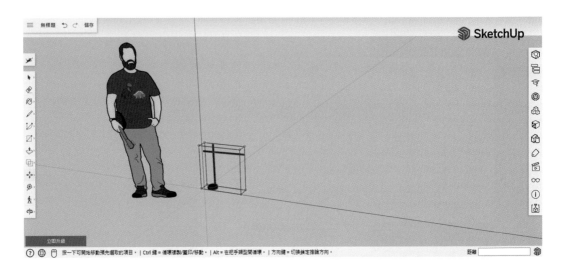

圖（CH6-079）

　　再來，把多餘的內建模型刪除，點一下如圖（CH6-080）所示的紅色圓角矩形所框選的選取圖示，再點一下如圖（CH6-081）的內建角色，最後按一下鍵盤上的 Delete 鍵，就可以完成刪除內建的模型，如圖（CH6-082）所示。

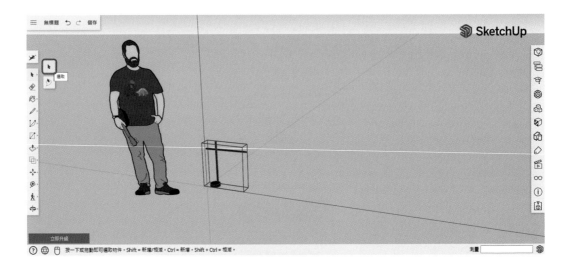

圖（CH6-080）

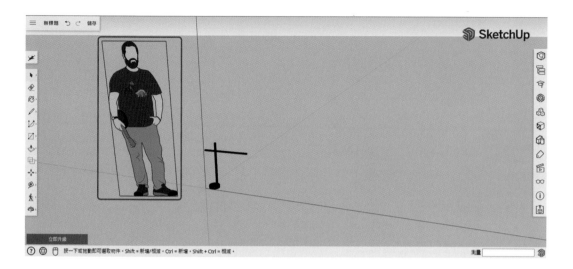

圖（CH6-081）

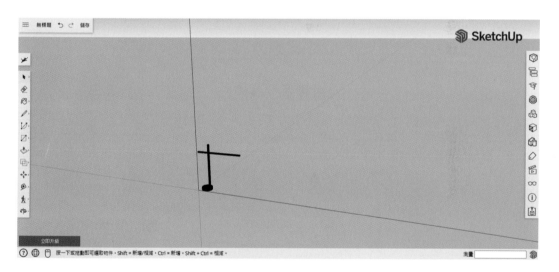

圖（CH6-082）

　　最後，若您的版本是經付費升級的話，就可以透過如圖（CH6-083）所示匯出成其他
3D 模型的格式；若是免費版本，則會出現如圖（CH6-084）所示的建議升級對話方塊。

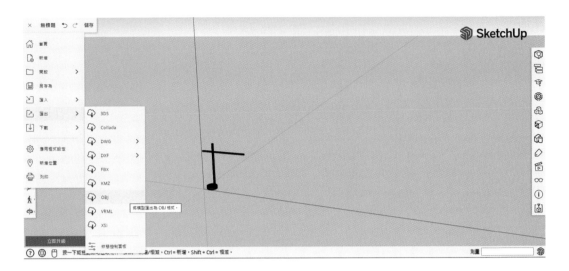

圖（CH6-083）

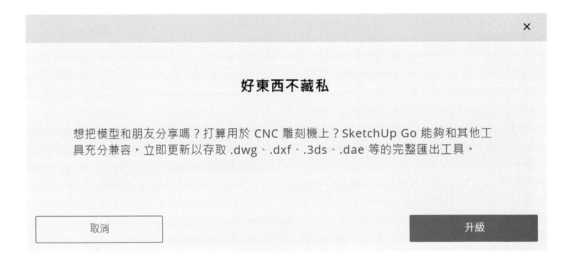

圖（CH6-084）

6-5-5 Sketchfab

　　Sketchfab 的網址為 https://sketchfab.com/。為了讓在這網站上有更良好的體驗，建議將右下角紅色框選的「Accept All」點一下，其網站畫面如圖（CH6-085）所示。

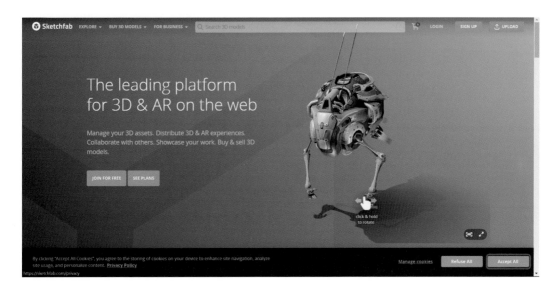

圖（CH6-085）

Sketchfab 在下載 3D 模型前，必須先註冊成會員。先從右上角的「SIGN UP」註冊按鈕點一下，在此筆者選擇直接以 Google 帳號進行註冊，其註冊畫面分別如圖（CH6-086）和圖（CH6-087）所示。

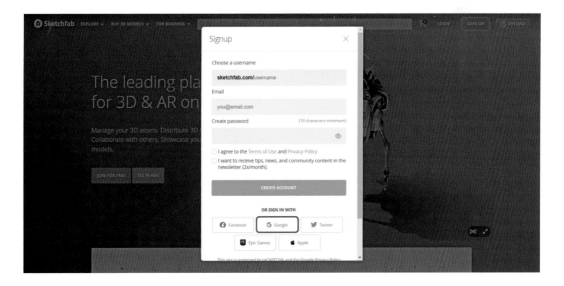

圖（CH6-086）

圖（CH6-087）

在 Finalize Sign up 畫面上，一定要勾起底下紅色矩形所框選的「I agree to the Terms of Use and Privacy Policy」，再點擊藍色「CREATE ACCOUNT」按鈕完成最後的註冊步驟。

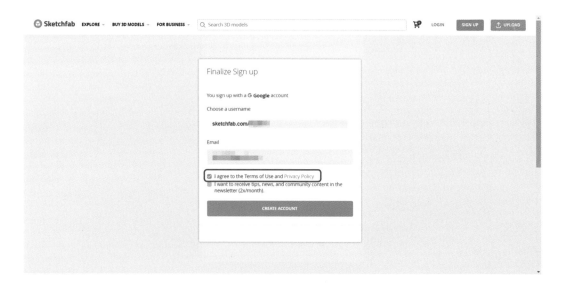

圖（CH6-088）

完成註冊後，還有兩步驟的設定要做，分別是「選擇你想要以Sketchfab做什麼」和「設定個人基本資料」，緊接著設定好個人基本資料後，再點最底下的「CONTINUE」繼續接下來的操作，其畫面分別如圖（CH6-089）和圖（CH6-090）所示。

圖（CH6-089）

圖（CH6-090）

　　在點選「CONTINUE」之後的畫面如圖（CH6-091）所示。將滑鼠游標移至「EXPLORE」進行探索，會展開如圖（CH6-092）的標籤分類畫面，在這裡可以根據個人喜好點選感興趣的標籤進行探索 Sketchfab 的 3D 模型。

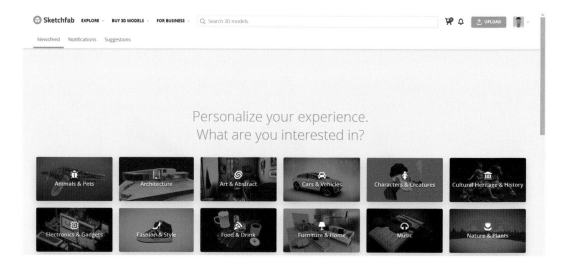

圖（CH6-091）

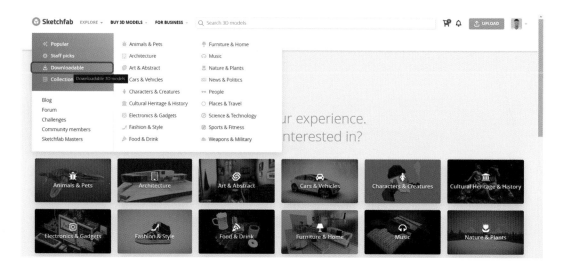

圖（CH6-092）

　　在此筆者以點擊「Downloadable」進行示範，如圖（CH6-092）紅色矩形所框選的位置，之後會看到如圖（CH6-093）所示的畫面。由於好的 3D 模型是不分時間順序，所以在此筆者將日期選為「All time」所有時間，如圖（CH6-094）紅色矩形所框選的位置。

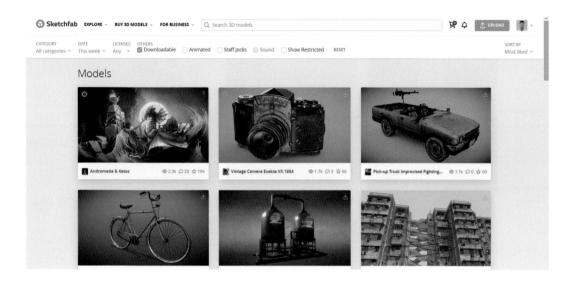

圖（CH6-093）

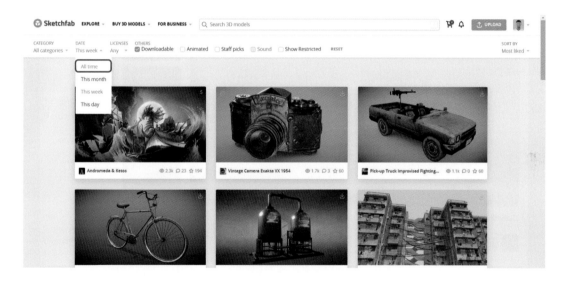

圖（CH6-094）

　　將 DATE 選爲「All time」之後，筆者選擇了一個順眼的 3D 模型如圖（CH6-095）紅色矩形所框選的「Cathedral」，並點一下進去後，就能看到如圖（CH6-096）的預覽畫面。

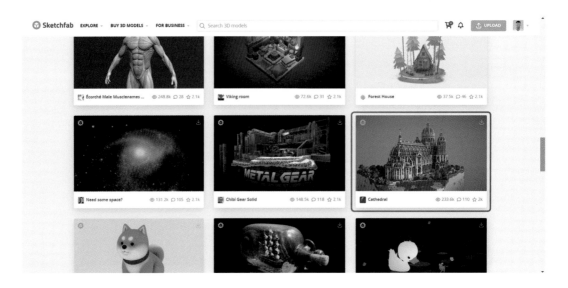

圖（CH6-095）

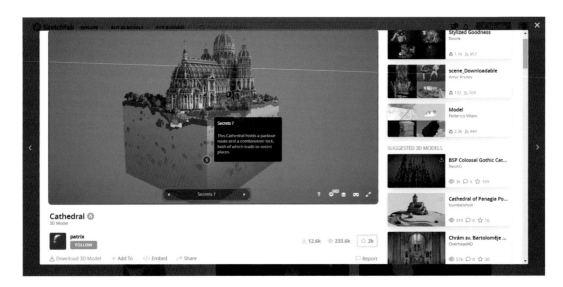

圖（CH6-096）

　　圖（CH6-096）底下的「Secrets?」選項，是此模型比較特別的地方，在於它能夠透過點選底下的選項，來切換此模型的內部視角，分別如圖（CH6-097）至圖（CH6-100）。

圖（CH6-097）

圖（CH6-098）

圖（CH6-099）

圖（CH6-100）

　　不過在此，重點還是在於下載 3D 模型，如圖（CH6-101）紅色矩形所框選的「Download 3D Model」，並點一下進去後，接著會看到如圖（CH6-102）可下載的 3D 模型格式，此例包含 obj、glTF 以及 USDZ 多種 3D 模型格式。擇一點選後，將出現如圖（CH6-103）的另存新檔對話方塊，我們可將此 ZIP 壓縮檔下載並存放在指定的資料夾裡。

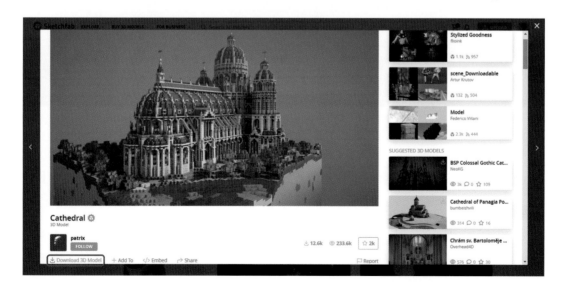

圖（CH6-101）

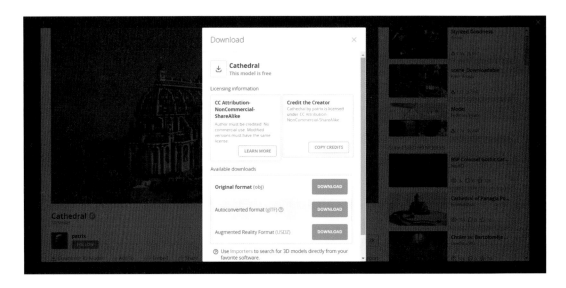

圖（CH6-102）

圖（CH6-103）

順便一提，Sketchfab 也有手機 APP 可提供立即體驗 AR 空間辨識，其操作步驟如下：

STEP 1.

首先到 Apple Store 和 Google Play 搜尋「sketchfab」，如圖（CH6-104）底下紅色矩形所框選的位置，由於筆者使用的是 iOS 作業系統，所以在此以 Apple Store 為例；再來筆者也早已將此 APP 安裝在手機上，於是這邊不再示範安裝過程，在此直接點擊打開如圖（CH6-105）。

圖（CH6-104）

圖（CH6-105）

STEP 2.

　　打開 Sketchfab APP 畫面之後，它的主介面如圖（CH6-106）所示，在上方紅色矩形所框選的「ALL CATEGORIES」點擊一下，接著會看到許多種分類別，在此筆者示範「Animals and Pets」並左鍵點擊一下。

 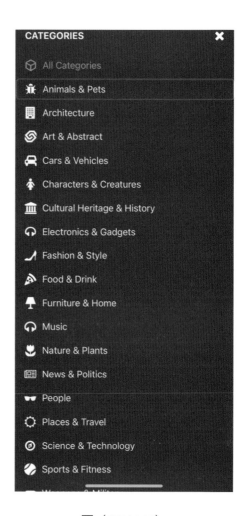

圖（CH6-106）   圖（CH6-107）

STEP 3.

　　既然選擇動物類別，那麼就找一隻恐龍來做示範，在此恐龍的 3D 模型必須稍微往下滑去尋找，分別如圖（CH6-108）和圖（CH6-109）所示，找到之後點一下該模型的縮圖，之後如圖（CH6-110）所示。Sketchfab APP 支援空間辨識，想要進行空間辨識必須點擊圖（CH6-110）右上角紅色矩形所框選的圖示，將此功能開啟。

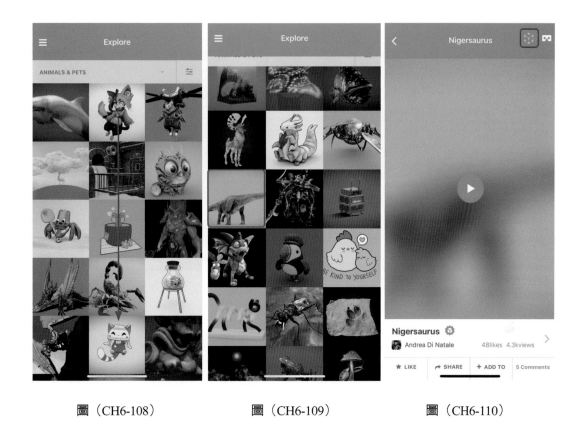

圖（CH6-108）　　　　　　圖（CH6-109）　　　　　　圖（CH6-110）

STEP 4.

　　呈上一步，開啓空間辨識的 3D 模型需要一點時間載入，載入完成之後透過相機鏡頭進行空間辨識，它能夠針對現場環境合適的地方以白色空心小圓點進行標記，如圖（CH6-111）紅色多邊形所框選的範圍所示。在此範圍內點一下，模型就會顯示在現實環境之中，如圖（CH6-112）所示。

圖（CH6-111）

圖（CH6-112）

　　題外話，此空間辨識很吃行動載具的運算資源，以筆者手拿 iPhone 13 Pro 為例。在夏季戶外 34 度的氣溫下，把玩不到 3 分鐘的時間，手機會因為過熱而啟動保護機制，此機制是強制將螢幕顯示亮度以最低亮度顯示，造成在大太陽下看不到 AR 效果，故筆者建議在有冷氣房的環境下或是秋冬之際會有較佳的體驗。

第七章　FLARToolKit

前言

　　首先，在進入 FLARToolKit 這個世界之前，筆者先為各位讀者們先打一針強心劑，那就是它的入手門檻會比之前稍微高一點點，以及編輯操作介面上看起來會有些許複雜，不過請放心，若照著本書一步步操作，這些稍微高的門檻和複雜的編輯介面都將不會這麼困難。

7-1 FLARToolKit 下載及系統需求

　　在使用 FLARToolKit 這個應用程式之前，請讀者先到如圖（CH7-001）這個網站，其網址為 https://saqoo.sh/a/flartoolkit/start-up-guide。該網站為日文網站，您可以使用 Google 翻譯觀看或直接看本書的操作步驟。

圖（CH7-001）

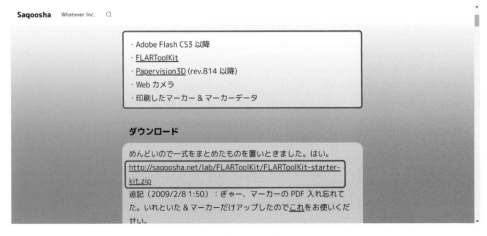

圖（CH7-002）

　　圖（CH7-002）上方紅色矩形所框選的區域為必要的事項，包含 Adobe Flash CS3 以上的版本、FLARToolKit 本身的應用程式、Papervision 3D 應用程式（須 .814 以後的版本）、網路攝影機、列印出來的圖卡以及圖卡本身的內容；同樣在圖（CH7-002），下方紅色矩形所框選的區域為下載 FLARToolKit 此應用程式本身，點選後會跳出另存新檔的視窗，它是以 ZIP 壓縮檔供大眾下載的免費應用程式，如圖（CH7-003）所示。不過 FLARToolKit 軟體下載的空間因久未維護而失連，筆者特地將此軟體上傳至 Google 雲端硬碟，供大家下載體驗，其短網址為 https://reurl.cc/M0ara4。

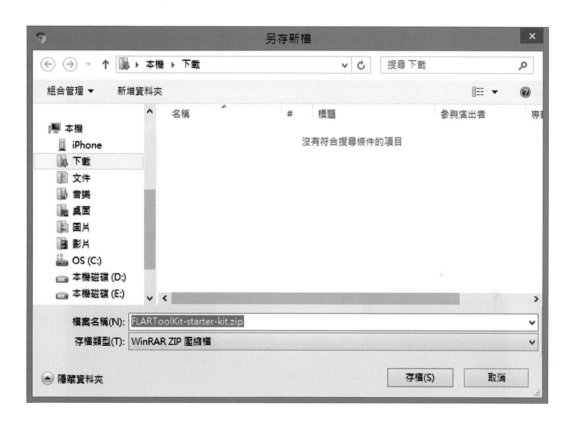

圖（CH7-003）

7-2 執行 FLARToolKit 應用程式

　　將壓縮檔下載下來並且解壓縮後，會看到如圖（CH7-004）這些檔案，其中有兩個檔案是可以直接執行的範例檔，分別是紅色矩形所框選的「Earth.swf」和「SimpleCube.swf」。另外，副檔名為 .as 是程式檔，而 .fla 是設定發佈的檔案，這些在後面會有更詳細的介紹。

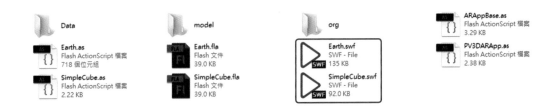

圖（CH7-004）

　　筆者先直接點開「SimpleCube.swf」來當作展示例子，如圖（CH7-005），一開始會出現 Adobe Flash Player 設定有關於網路攝影機與麥克風的存取權，選擇「允許」後，就會啓動網路攝影機了。

圖（CH7-005）

　　在這之前，先到 FLARToolKit 本身資料夾裡的「Data」資料夾找出「flarlogo-marker.pdf」的檔案，如圖（CH7-006）所示。

圖（CH7-006）

　　將此 PDF 檔案打開後，會看到黑白兩色所組成的影像，如圖（CH7-007）所示。將此影像列印出來後，再搭配剛剛開啓的網路攝影機，就會出現桃紅色立方體的 3D 模型物件了，如圖（CH7-008）所示。

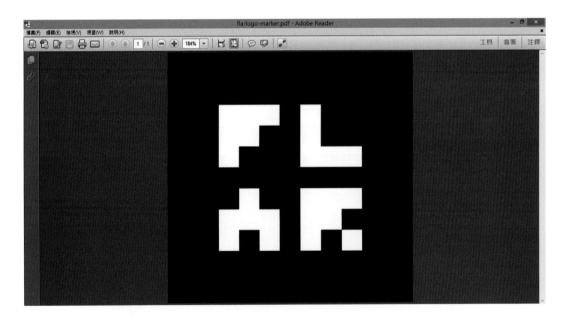

圖（CH7-007）

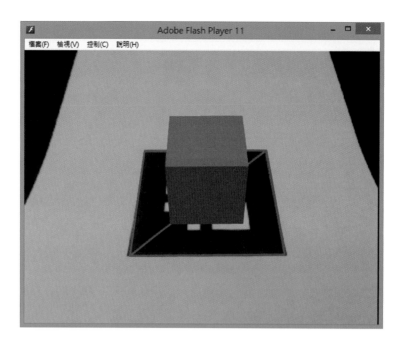

圖（CH7-008）

同樣的，將「Earth.swf」檔案打開後，一樣會出現剛才的是否允許畫面，點選允許後，網路攝影機就會打開來，重複使用剛剛列印的影像後，會呈現出一顆會自轉的地球，如圖（CH7-009）所示。

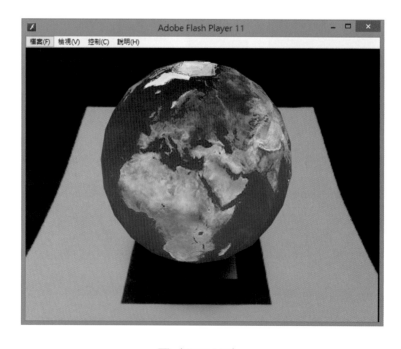

圖（CH7-009）

7-3 FLARToolKit 發佈設定及程式修改

　　前兩個預設範例，是 FLARToolKit 本身應用程式所提供參考的範本，換句話說，我們可以根據此參考範本，來修改成我們自己所想要的樣子。所以，接下來請讀者分別打開「SimpleCube.fla」如圖（CH7-010）及「SimpleCube.as」如圖（CH7-011）這兩個檔案，一個是發佈的設定；另一個則是程式碼的修改。

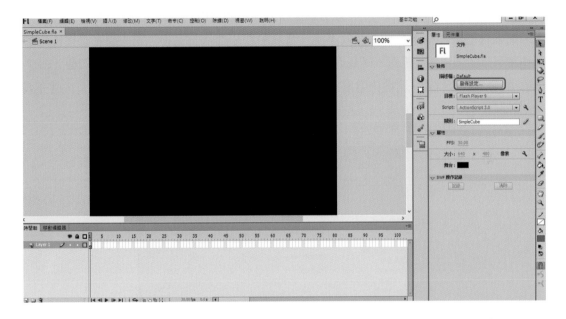

圖（CH7-010）

圖（CH7-011）

　　發佈設定和程式碼修改這兩個檔案，是使用 FLARToolKit 此應用程式須注意的兩個地方。首先，我們先來簡單介紹發佈設定，因為它只須注意一、二個地方，何況又是每次修改完程式碼，必定要完成的最後一步驟，是一個既簡單又最重要的步驟哦！

7-3-1 發佈設定

　　回頭看到圖（CH7-010）紅色矩形所框選的「發佈設定… 」，點進去後會跳出「發佈設定」的對話方塊，如圖（CH7-012）所示。在此只要注意您想要發佈什麼樣的格式就可以了，預設勾選為 Flash（.swf），筆者就直接發佈這個常用的格式。至於「輸出檔案」可重新命名你想要的檔案名稱、音效串流、音效事件和進階設定等，這些設定直接使用預設值就可以了，再直接點選本圖最底下紅色矩形所框選的「發佈」，就會跳出如圖（CH7-013）的發佈進度視窗，當發佈進度完成後，再點選「發佈」選項旁邊的「確定」，就完成發佈的設定了。

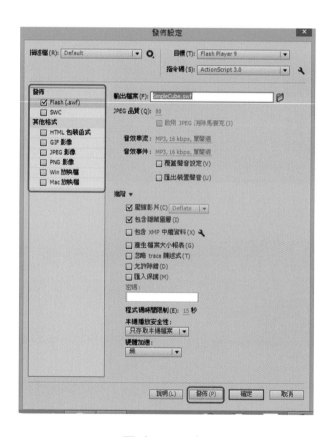

圖（CH7-012）

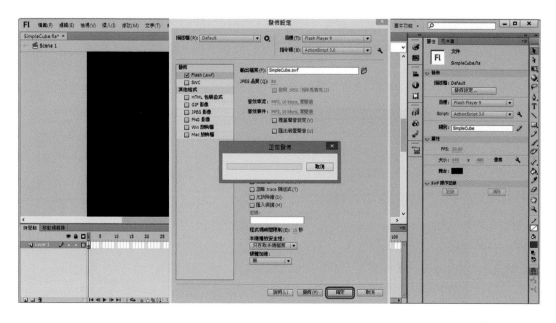

圖（CH7-013）

　　將剛剛發佈出來的「SimpleCube.swf」，直接以 Adobe Flash Player 來執行，也別忘了
點選允許選項，就會出現如圖（CH7-008）的畫面了。

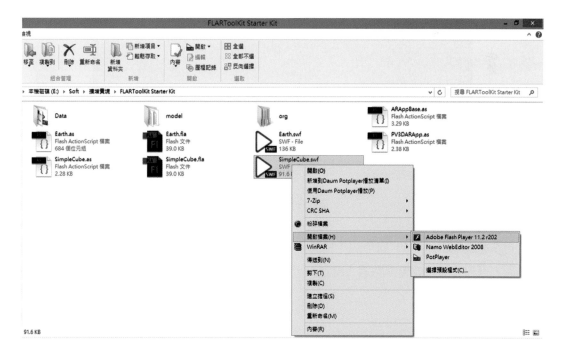

圖（CH7-014）

　　若有需要 HTML 網頁格式的需求，如圖（CH7-015）把紅色矩形所框選的「HTML 包裝函式」勾選起來即可，輸出檔案可更改成適當的網頁名稱，至於其他播放等設定，直接使用勾選的預設值即可。

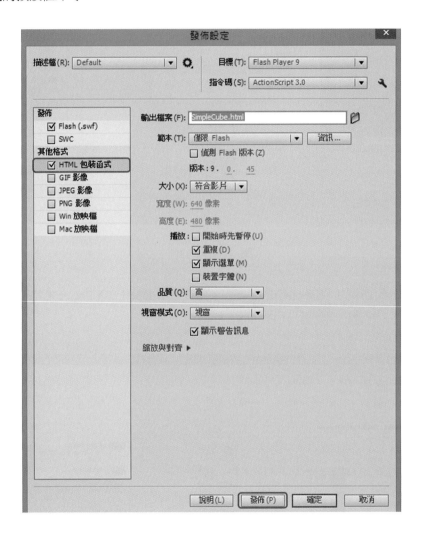

圖（CH7-015）

　　再點選圖（CH7-015）底下的「發佈」選項，一樣會出現發佈進度，如圖（CH7-016）的畫面，等它發佈完成後再點選「確定」，就完成發佈的程序了。

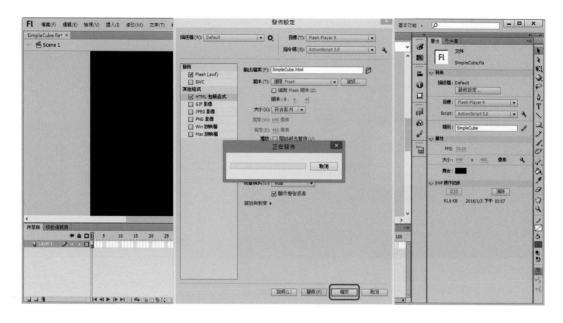

圖（CH7-016）

　　然後回到 FLARToolKit 的資料夾裡，會發現多出「SimpleCube.html」網頁檔，如圖
（CH7-017）所示。打開此網頁後，跟 Adobe Flash Player 一樣會出現有關於網路攝影機與
麥克風的存取權，如圖（CH7-018）所示，選擇允許後，就拿起列印好的圖卡試試看是不
是有出現 3D 物件，如圖（CH7-019）。

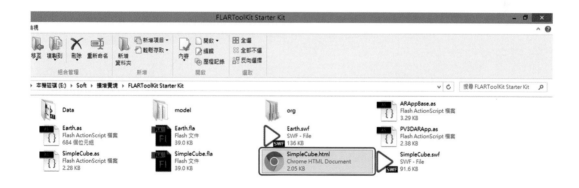

圖（CH7-017）

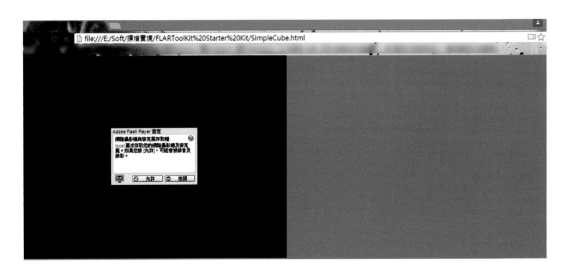

圖（CH7-018）

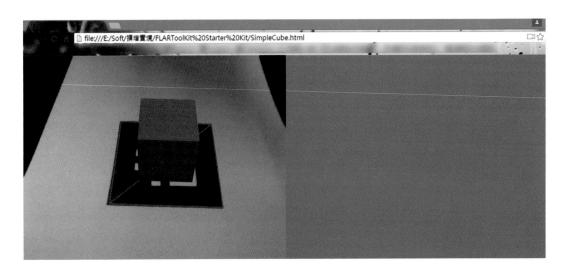

圖（CH7-019）

　　以上只是簡單的發佈設定，相信讀者一定會很詫異發佈設定就只有這樣？沒錯！就只有這樣而已。

7-3-2 程式修改

　　接下來，程式碼的部分才是重點，但也別聽到程式兩個字馬上把本書丟在一邊就不看了，實質上並不能說寫程式，精確地說應該是改參數，這樣聽起來，是不是覺得入手門檻也跟著降低了呢？

　　有關於「SimpleCube.as」這個程式檔，須注意的地方分別如圖（CH7-020）第 20 行至第 25 行、圖（CH7-021）第 27 行至第 50 行。

```
20  public function SimpleCube() {
21      // Initalize application with the path of camera calibration file and patter definition file.
22      // カメラ補正ファイルとパターン定義ファイルのファイル名を渡して初期化。
23      addEventListener(Event.INIT, onInit);
24      init('Data/camera_para.dat', 'Data/flarlogo.pat');
25  }
```

圖（CH7-020）

就圖（CH7-020）第 24 行而言，'Data/flarlogo.pat' 是指定圖卡的檔案；而 'Data/camera_para.dat' 是實現擴增實境所需的網路攝影機使其能正常運作所必須載入的檔案。

```
27  private function _onInit(e:Event):void {
28      // Create Plane with same size of the marker.
29      // マーカーと同じサイズを Plane を作ってみる。
30      var wmat:WireframeMaterial = new WireframeMaterial(0xff0000, 1, 2); // with wireframe. / ワイヤーフレームで。
31      _plane = new Plane(wmat, 80, 80); // 80mm x 80mm。
32      _plane.rotationX = 180;
33      _markerNode.addChild(_plane); // attach to _markerNode to follow the marker. / _markerNode に addChild するとマーカーに追
34
35      // Place the light at upper front.
36      // ライトの設定。手前、上のほう。
37      var light:PointLight3D = new PointLight3D();
38      light.x = 0;
39      light.y = 1000;
40      light.z = -1000;
41
42      // Create Cube.
43      // Cube を作る。
44      var fmat:FlatShadeMaterial = new FlatShadeMaterial(light, 0xff22aa, 0x75104e); // Color is ping. / ピンク色。
45      _cube = new Cube(new MaterialsList({all: fmat}), 40, 40, 40); // 40mm_X x 40mm_Z x 40mm_Y
46      _cube.z = 20; // Move the cube to upper (minus Z) direction Half height of the Cube. / 立方体の高さの半分、上方向(-Z方向)
47      _markerNode.addChild(_cube);
48
49      stage.addEventListener(MouseEvent.CLICK, _onClick);
50  }
```

圖（CH7-021）

圖（CH7-021）第 30 行而言，WireframeMaterial(0xff0000, 1, 2) 是設定顯示在圖卡邊緣上的線條。其中，第一個參數為設定顏色；第二個參數為設定是否顯示線條，「0」代表隱藏線條、「1」代表顯示線條；第三個參數為設定線條粗細程度。

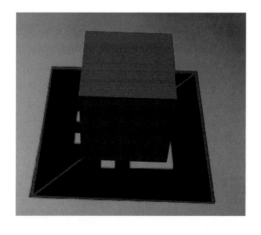

圖（CH7-022）

　　圖（CH7-023）為筆者將 WireframeMaterial 的參數設定為（0x0000ff, 1, 2），從圖中可以看出線條變成藍色；圖（CH7-024）的參數設定為（0x0000ff, 0, 2），會發現線條被隱藏了；圖（CH7-025）的參數設定為（0xffffff, 1, 5），會發現線條變得更粗而且顏色變為白色。各位讀者可以根據上述的參數變化，去體會箇中的差異。

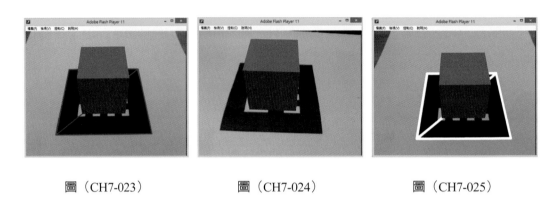

圖（CH7-023）　　　　　圖（CH7-024）　　　　　圖（CH7-025）

TIPS

　　線條顏色 0x000000 代表黑色、0xffffff 代表白色、0xff0000 代表紅色、0x00ff00 代表綠色、0x0000ff 代表藍色，根據此顏色規則可以發現，0x 後面接六個數字，其中，前面兩個數字是代表紅色的程度、中間兩個數字代表綠色的程度、後面兩個數字代表藍色的程度，讀者可以依據您想要的顏色隨意調和搭配哦！

　　圖（CH7-021）第 31 行而言，Plane（wmat, 80, 80）後面兩個參數數值，是設定有關於上一行正方形線條的邊長，若將此參數改為 Plane（wmat, 120, 120），其結果如圖（CH7-026）所示。

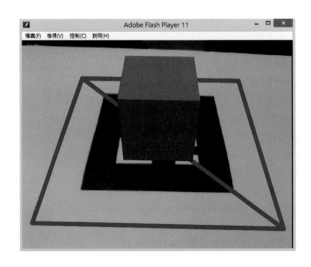

圖（CH7-026）

圖（CH7-021）第 32 行，爲旋轉 X 軸的角度，預設值爲 180 度表示邊線繪圖與圖卡平行，若將此值改爲 150 度，其結果會如圖（CH7-027）所示。

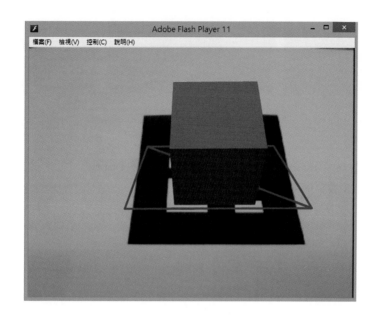

圖（CH7-027）

圖（CH7-021）第 37 行至第 40 行，爲設定燈光位置，進而創造出物體呈現亮部以及陰影的效果，在此直接使用預設值就表現得很不錯了；筆者曾針對此三行分別嘗試過數個數值，範圍從 -1000 至 1000 這個範圍，發現並沒有太大改變或僅有少部分數值讓物體整體偏暗，所以就結論來說，這四行其實是可以略過的不需要動到它們。

圖（CH7-021）第 44 行至第 46 行，分別設定此立方體物件的陰影、長寬高的邊長和距離圖卡的高度。首先，立方體物件的陰影，因爲它牽涉物件本身的顏色以及該顏色的陰影色，須具備敏銳的配色直覺和顏色代碼，這兩個部份對於普羅大眾來說過於艱澀，故第 44 行我們就略過不看，直接針對第 45 行的參數改變看看。

我們把 Cube（new MaterialsList（{all: fmat}），40, 40, 40）這段程式碼的第一個參數改變爲 100，其結果如圖（CH7-028）所示；再來，把第一個參數調回 40 並且把第二個參數改變爲 100，其結果爲物件模型的高度變高了，如圖（CH7-029）所示；最後，把第三個參數改爲 100，第一、二個參數維持 40 再看其結果，如圖（CH7-030）所示。

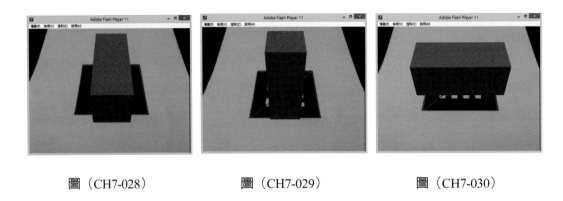

圖（CH7-028）　　　　　圖（CH7-029）　　　　　圖（CH7-030）

　　第 46 行 _cube.z = 20; 這段程式碼，它是設定模型物件距離圖卡的高度，若以圖（CH7-030）模型樣式爲基礎，再進一步將此 20 的數值改爲 80，其結果如圖（CH7-031）所示。

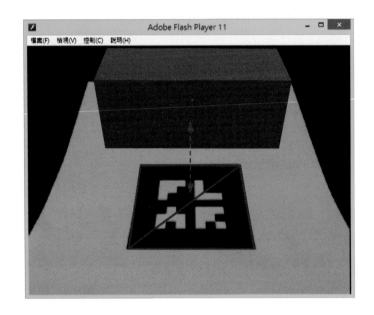

圖（CH7-031）

　　FLARToolKit 另一個範例檔，就是「Earth.swf」，若以 Adobe Flash Player 執行，它會呈現出地球自轉的動態 3D 模型。以下，筆者將從「Earth.as」程式碼檔案第 19 行至第 21 行，以及第 28 行來說明，分別如圖（CH7-032）紅色矩形所框選的範圍。

```
6   [SWF(width=640, height=480, backgroundColor=0x808080, frameRate=30)]
7
8   public class Earth extends PV3DARApp {
9
10      private var _earth:DAE;
11
12      public function Earth() {
13          addEventListener(Event.INIT, _onInit);
14          init('Data/camera_para.dat', 'Data/flarlogo.pat');
15      }
16
17      private function _onInit(e:Event):void {
18          _earth = new DAE();
19          _earth.load('model/earth.dae');
20          _earth.scale = 10;
21          _earth.rotationX = 90;
22          _markerNode.addChild(_earth);
23
24          addEventListener(Event.ENTER_FRAME, _update);
25      }
26
27      private function _update(e:Event):void {
28          _earth.rotationZ -= 0.5
29      }
```

圖（CH7-032）

　　第 19 行的 _earth.load('model/earth.dae'); 為讀取地球 3D 模型的程式碼；第 20 行 _earth.scale = 10; 為地球 3D 模型的尺寸大小，若將此數值 10 改變為 15，其呈現結果將如圖（CH7-033）所示：

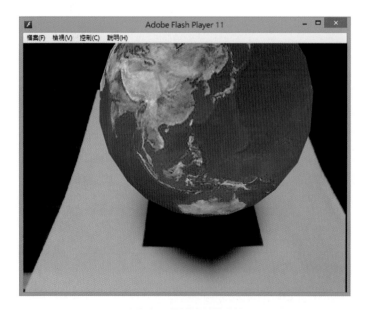

圖（CH7-033）

第 21 行 _earth.rotationX = 90; 爲設定地球 3D 模型自轉時與圖卡呈現的角度，90 爲合理正常顯示的數值，此數值筆者建議就不要再修改了，若將此數值改爲 0 或 30，其呈現分別如圖（CH7-034）和圖（CH7-035）這些詭異的結果，還有陰影與圖卡所呈現的角度也會跟著轉繞，十分不合理。

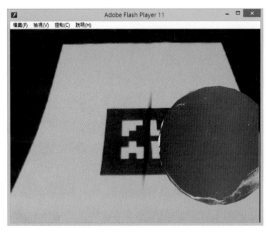 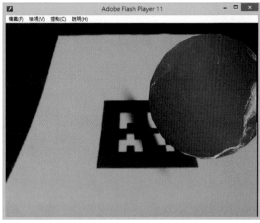

圖（CH7-034）   圖（CH7-035）

第 19 行的 _earth.rotationZ -= 0.5，爲設定地球自轉的轉速，若將此數值設定得愈高，轉速當然也會跟著加快。

有關於 FLARToolKit 地球範例檔的程式參數重要修改，大致上爲這樣，就剩下更換本身這顆球形體的材質了，筆者上網找了一下火星材質的貼圖，準備替換掉原本地球的材質貼圖，如圖（CH7-036）所示。

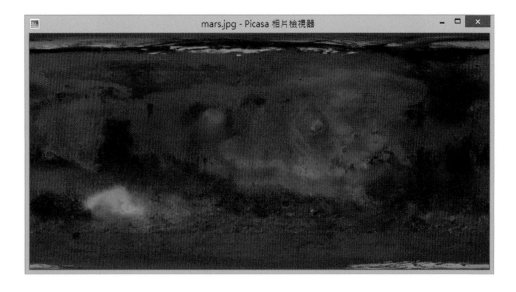

圖（CH7-036）

　　並且將此材質影像檔放置於該「earth.dae」同一目錄資料夾底下，如圖（CH7-037）所示。

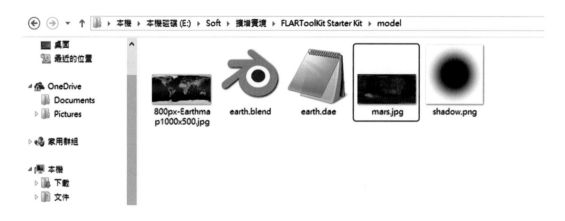

圖（CH7-037）

　　再來，dae 檔本身是一種以文字資料的形式來描述 3D 物件，所以筆者將 dae 檔預設以記事本的方式開啟，並且以快捷鍵「CTRL」＋「F」搜尋「jpg」，將欲替換的材質影像路徑設定的位置先找出來，如圖（CH7-038）所示。

圖（CH7-038）

　　找出來後將原本「800px-Earthmap1000x500」改為「mars」，並且儲存檔案，如此即完成了更改材質的設定了，如圖（CH7-039）所示。再執行「Earth.swf」看看其結果，如圖

（CH7-040）所示，是不是已經變成會轉動的火星模型了呢！

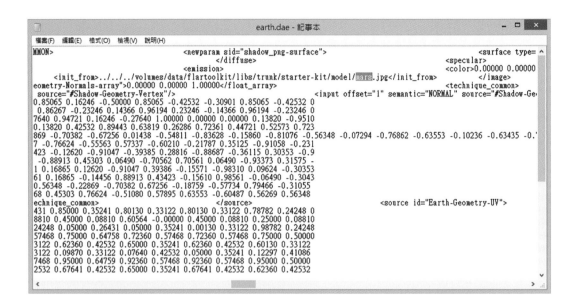

圖（CH7-039）

圖（CH7-040）

7-4 改變或新增 FLARToolKit 圖卡

除了範例程式參數的修改之外，玩 FLARToolKit 擴增實境還有兩個重點，分別是改變、新增欲辨識的圖卡以及更換 3D 模型，若非如此，擴增實境就沒什麼好玩的了。

問題來了，圖卡本身要如何製作呢？由於 FLARToolKit 程式本身支援的圖卡格式有限，僅為「.pat」的檔案格式，那麼要如何去製作呢？筆者提供一種方法來製作，那就是利用 BuildAR 程式本身來製作，其步驟如下：

首先，打開位於 BuildAR 的安裝路徑，找出「BuildAR.exe」的執行檔，如圖所示。

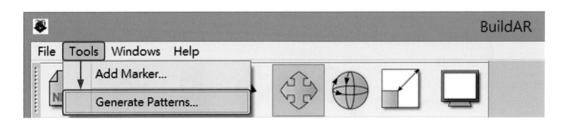

圖（CH7-041）

打開此執行檔後，從功能表列的「Tools」→「Generate Patterns...」這個功能來產生自創的圖卡，分別如圖（CH7-042）和圖（CH7-043）所示。

圖（CH7-042）

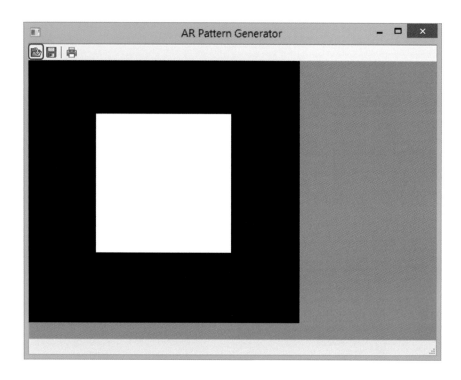

圖（CH7-043）

　　當出現「AR Pattern Generator」視窗，點一下紅色矩形所框選的區域來開起預先設計好的辨識影像，筆者事先設計出檔名爲「隨機黑方型組合 .bmp」的圖樣，如圖（CH7-044），並且將它開啓後，其結果如圖（CH7-045）所示。

圖（CH7-044）

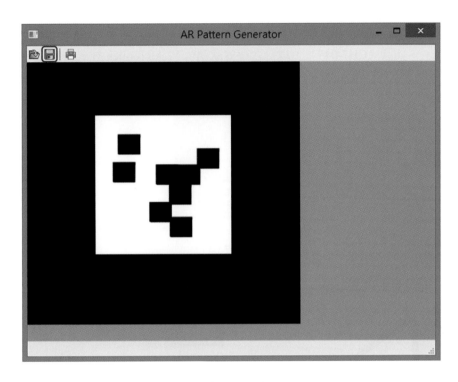

圖（CH7-045）

　　如此，我們的圖卡就已經差不多快完成囉！最後再點選紅色矩形所框選的儲存檔案，並且輸入檔案名稱，同時也注意一下存檔類型是「.patt」那就沒有錯了。

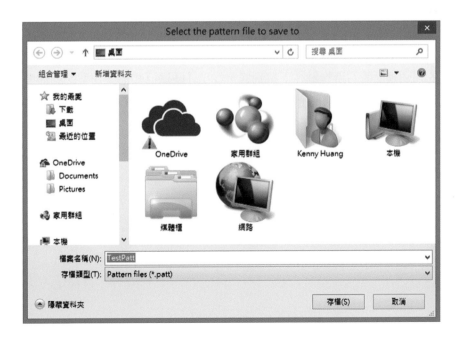

圖（CH7-046）

　　將剛剛儲存的「.patt」檔案點一下滑鼠右鍵並且選擇「重新命名」，將副檔名的「.patt」改成「.pat」，如圖（CH7-047），以符合待會欲執行 FLARToolKit 程式所支援的格式，並且將此檔案放置於 FLARToolKit 程式資料夾底下的「Data」資料夾，如圖（CH7-048）。

圖（CH7-047）

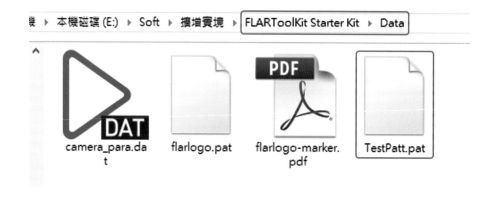

圖（CH7-048）

　　若讀者無法看到副檔名，請隨意開啓任一資料夾，然後點選資料夾的「選項」，在「檢視」的類別裡面將右邊卷軸往下拉到底，找出「隱藏已知檔案類型的副檔名」，並將此搜選的勾勾取消掉，這樣隱藏的副檔名就會出現了，如圖（CH7-049）所示。只是使用此功能選項之後，筆者建議將此「隱藏已知檔案類型的副檔名」的勾勾復原回來，以防往後在做重新命名的工作時，誤把原本的副檔名刪除，那麼在開起該檔案時就會出現無法開啓檔案的問題了。

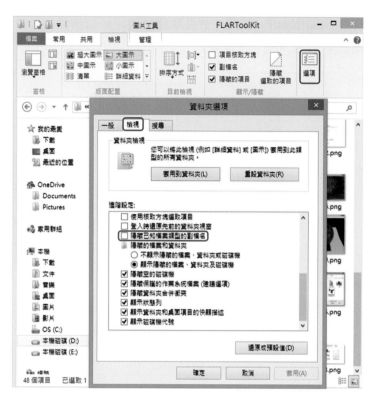

圖（CH7-049）

再次回到「Earth.as」程式碼檔案，將第 14 行的「'Data/flarlogo.pat'」改為「'Data/TestPatt.pat'」，如圖（CH7-050）所示，並且儲存檔案後再發佈成「.swf」檔案。

圖（CH7-050）

我們再次執行「Earth.swf」檔案，並且拿起已列印好欲辨識的影像，如圖（CH7-051），執行結果如圖（CH7-052）所呈現。

圖（CH7-051）

圖（CH7-052）

7-5 替換 FLARToolKit 3D 模型

本章 FLARToolKit 的最後重點就是更換 3D 模型了，各位讀者可以去網路上找一些免費「.dae」檔案格式的 3D 模型來替換，如圖（CH7-053），筆者在 FLARToolKit 底下的「model」資料夾準備了「Rock1.dae」跟該岩石的材質，準備替換原本地球的 3D 模型。

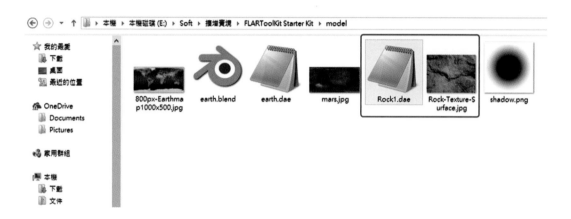

圖（CH7-053）

再度回到「Earth.as」程式碼檔案，我們以圖（CH7-050）爲基礎再進一步去修改第 19 行原本爲「'model/earth.dae'」，將它改爲「'model/Rock1.dae'」，改完之後立刻進行儲存檔案，並且發佈成「.swf」檔案，再看看執行結果。

```
package {

    import flash.events.Event;
    import org.papervision3d.objects.parsers.DAE;

    [SWF(width=640, height=480, backgroundColor=0x808080, frameRate=30)]

    public class Earth extends PV3DARApp {

        private var _earth:DAE;

        public function Earth() {
            addEventListener(Event.INIT, _onInit);
            init('Data/camera_para.dat', 'Data/TestPatt.pat');
        }

        private function _onInit(e:Event):void {
            _earth = new DAE();
            _earth.load('model/Rock1.dae');
            _earth.scale = 10;
            _earth.rotationX = 90;
            _markerNode.addChild(_earth);

            addEventListener(Event.ENTER_FRAME, _update);
        }
```

圖（CH7-054）

　　圖（CH7-055）為再次執行「Earth.swf」檔案，會發現原本自轉的地球，變成了自轉的石頭。

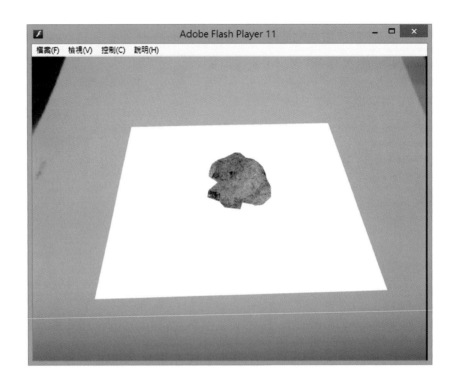

圖（CH7-055）

7-6 結語

　　對於此 FLARToolKit 應用程式，筆者最後以心得評比來當結論：

優點	缺點
1. 它是一套免費可編輯的應用程式。 2. 可發佈成 .swf 或 .html，實現擴增實境之作業環境較不受限制。	1. 需要額外安裝 Adobe Flash 才能修改程式並發佈成可執行檔。 2. 需有一點程式設計的觀念，上手門檻略高一些。 3. 僅支援「.dae」格式的 3D 模型，使用上限制過多，而且最好需要有基礎的 3D 建模觀念。 4. 辨識觸發影像的部分，FLARToolKit 需要粗黑色方框和黑白色相間的內容，感覺較為死板；相較於 Artivive 和 Makar 以辨識影像內容當觸發條件，使用上較為活潑和直覺。

第八章　WebAR Studio

前言

WebAR 意旨不需安裝任何 APP、軟體，通常透過掃描 QRCode 導航至特定網頁，就能透過瀏覽器觀看 AR 專案。這對於懶得安裝 APP 或是手機空間吃緊的使用者是另外一種選擇的開發途徑。

目前市面上有許多做 WebAR 的公司，但大多數需要使用者付費且限制又多，我們在這邊所介紹的 WebAR Studio 是免付費的平台裡，相較之下限制是比較少的，基本 AR 功能都可以開發，但 14 天內限制最多開發五個 AR 專案，所以很適合一般開發者來嘗鮮體驗及使用。

8-1 WebAR Studio 如何免費註冊

首先到 Google 搜尋「WebAR Studio」關鍵字或輸入網址「https://web-ar.studio/」，很容易就找到 WebAR Studio 網站，該網站第一個頁面如圖（CH8-001）所示。此網站的預設語言是俄語，在這邊我們建議點一下上方紅色矩形所框選的位置，並更換英文語言。

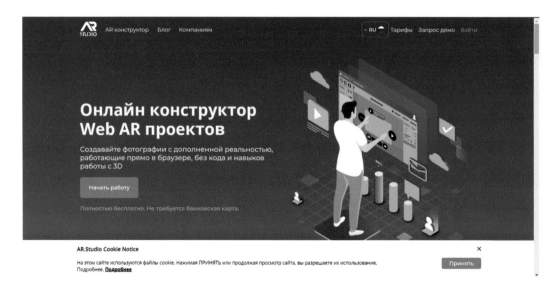

圖（CH8-001）

選擇 EN 語言（英文語言）之後，為了讓使用此網站的體驗有更好感受，建議使用的電腦將其 cookie 記錄下來，如圖（CH8-002）紅色矩形框選的「Accept」點一下。

此時，再將目光移到畫面右上角的紅色矩形所框選的位置，寫著「Sign up」，點一下開始進行註冊吧！註冊所需資料包含「NAME」姓名、「E-mail」電子郵件、「Password」

密碼等，如圖（CH8-003）所示。

圖（CH8-002）

　　所有的欄位皆是必塡欄位，如下圖，其中「E-amil」電子郵件，將作爲驗證電子郵件是否有效並啓動註冊帳號，以及未來登入時的帳號，不可隨意輸入！

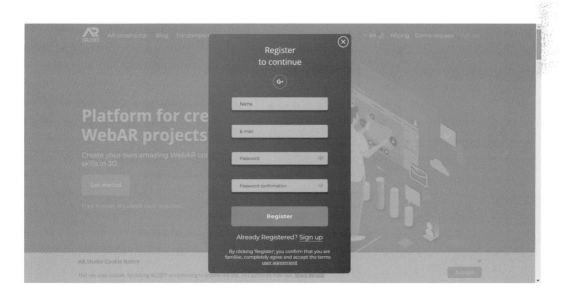

圖（CH8-003）

　　將註冊資料一筆一筆輸入之後，如圖（CH8-004）所示，接著點選「Register」，接著準備去電子郵件取得存取碼。

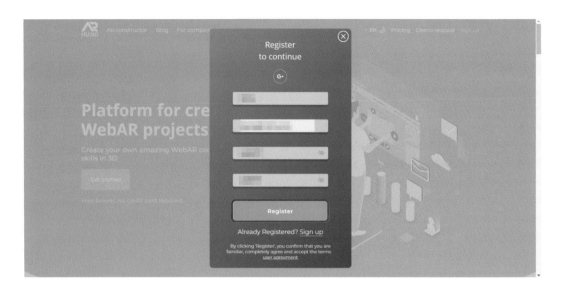

圖（CH8-004）

　　您登入電子信箱後查看有無收到「Confirmation code」的標題信件，找到該信件後往下滑如圖（CH8-005）紅色矩形框選的「Access code」存取碼以啓動您的帳號。

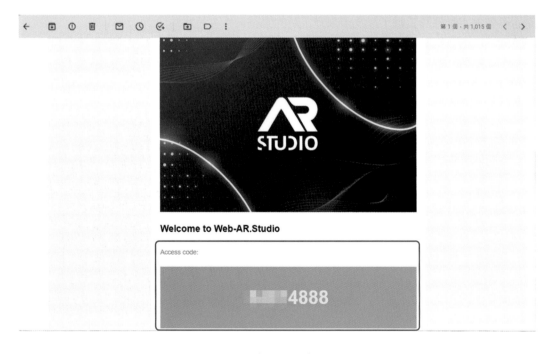

圖（CH8-005）

　　切換並回到「Email Confirmation」，將電子郵件的存取碼複製下來並貼到如圖（CH8-

006）紅色矩形框選位置，並點選底下的「Confirm」，之後畫面會跳到如圖（CH8-007）所示的登入畫面。

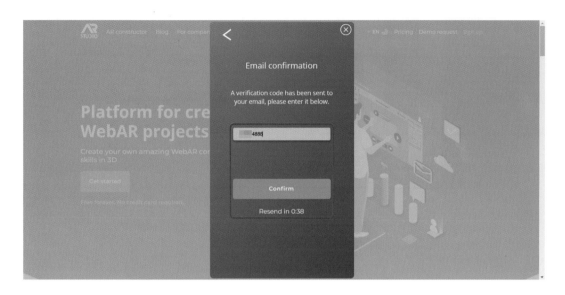

圖（CH8-006）

圖（CH8-007）

　　登入後所看到的頁面是 Active Projects，因為才剛申請好個人帳號而已，所以目前是在歡迎來到 WebAR.Studio 的畫面，如圖（CH8-008）所示。

圖（CH8-008）

8-2 如何快速建立 WebAR Studio 第一個 AR 專案

要在 WebAR.Studio 建立第一個 AR 專案，首先點選圖（CH8-008）底下紅色所框選的位置「Create Project」按鈕。一開始會請開發者選擇要在「Browser」瀏覽器上開發，還是要在「AR Studio Viewer」安裝軟體上開發，在此筆者選擇第一個在瀏覽器上開發，如圖（CH8-009）所示；接著第二步驟的專案型態設定是選擇「影像辨識」或「QR Code 辨識」，在此筆者選擇影像辨識，如圖（CH8-010）紅色矩形所框選的位置，原因是在 AR 應用上會比較生動有趣！但須注意的是最近釋放出 v.2 實驗版的影像辨識版本，但筆者經過點選查看，發現與原始版本並無差異，所以最終選擇最穩定的原始影像辨識版本作爲示範；最後是選擇要使用 2D 編輯器或 3D 編輯器，這邊選擇 2D 編輯器即可，如圖（CH8-011）所示。

圖（CH8-009）

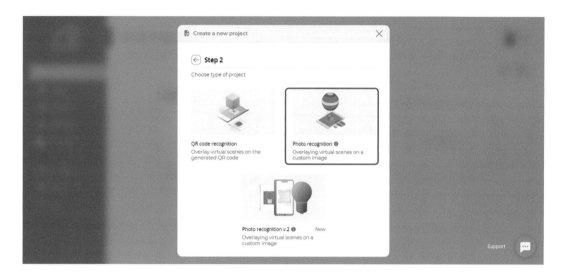

圖（CH8-010）

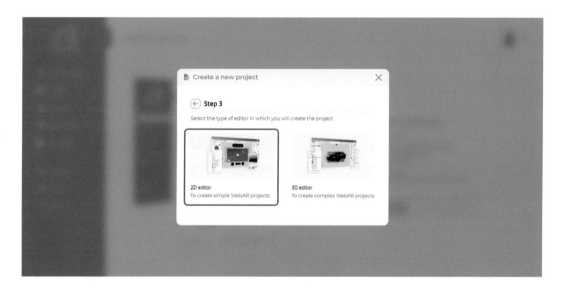

圖（CH8-011）

　　最後，畫面會停留在「All projects」所有專案的畫面，由於目前還沒有建立任何專案，所以在此畫面是一個空白畫面，想要建立一個 AR 專案就必須點擊右上角紅色所框選的「Create AR」按鈕開始進行 AR 的專案開發，如圖（CH8-012）所示。

圖（CH8-012）

之後會看到如圖（CH8-013）「Select a project template」選擇專案樣板的標題網頁，上方有多種 AR 應用的熱門樣板分類，在此筆者直接選擇空專案樣板，並點選「Choose」按鈕，如圖（CH8-013）紅色矩形所框選的位置。

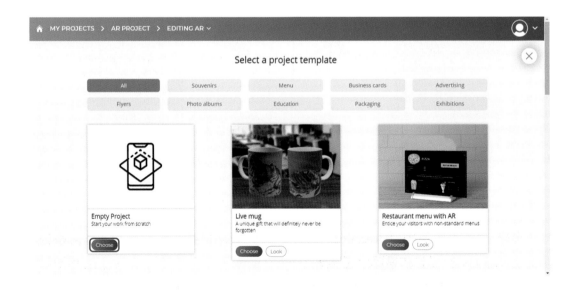

圖（CH8-013）

接著畫面來到如圖（CH8-014）的 WebAR 開發介面，由於我們在建立 AR 新專案的時候，選擇了以影像辨識作為觸發 AR 的條件，所以要事先設定好觸發影像。在此，先點選

如圖（CH8-014）紅色矩形所框選的「Load trigger」按鈕，它是設定觸發影像的選項。

圖（CH8-014）

　　接下來，會看到如圖（CH8-015）「What is a trigger?」的對話方塊，點一下「Next」進入下一步。

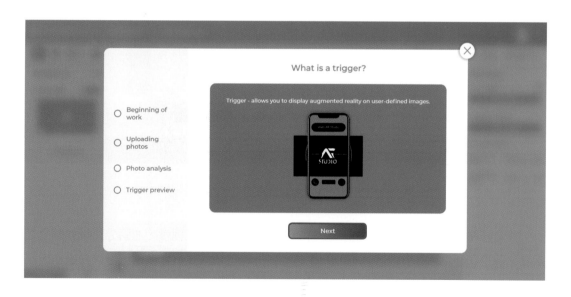

圖（CH8-015）

　　再點選如圖（CH8-016）紅色矩形所框選的「Upload image」上傳影像，其上傳影像的畫面圖（CH8-017）如所示。

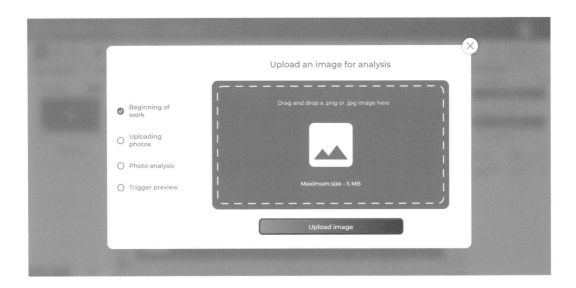

圖（CH8-016）

圖（CH8-017）

決定好觸發影像後，WebAR.Studio 會分析上傳影像的辨識程度，並將分析後的結果以綠色、黃色和紅色標記影像辨識細節的優劣程度，綠色是代表良好、黃色是代表適中、紅色是代表差的，分別如圖（CH8-018）和圖（CH8-019）所示。

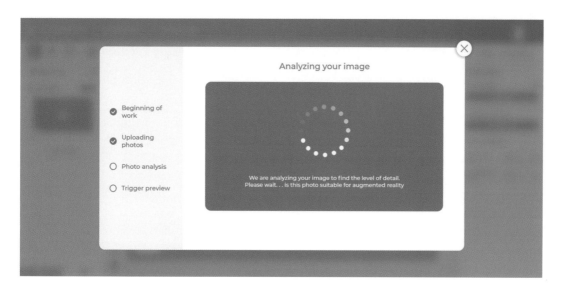

圖（CH8-018）

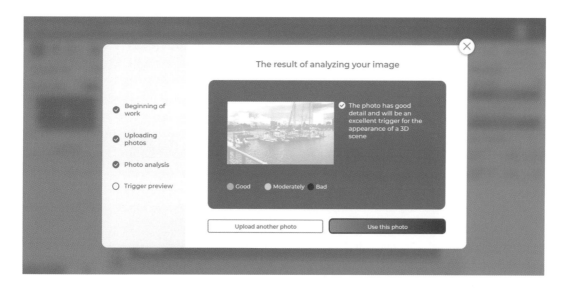

圖（CH8-019）

　　繼續點擊「Use this photo」要稍微等一下如圖（CH8-020），最後回到 WebAR 編輯主畫面，此時，主編輯介面多了剛剛上傳的觸發影像，並且左側欄位的「Main trigger scene」主要觸發場景也變為觸發影像的縮圖。

　　觸發影像決定好之後，再來就是決定要呈現的 AR 內容，而要呈現 AR 內容必須點選上方欄位，如圖（CH8-021）紅色矩形所框選的位置，由左至右的圖示分別是影像、影片、文字和 3D 模型或左側欄位的「＋Add scene」。

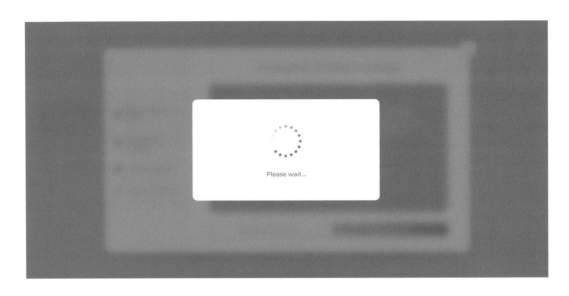

圖（CH8-020）

圖（CH8-021）

　　筆者就從點擊「+Add scene」開始介紹，之後會看到如圖（CH8-022）紅色矩形所框選的「Video」選項，再來會看到如圖（CH8-023）所示，這裡有 3 個 Video 的樣板，在此筆者選擇最右邊紅色矩形所框選的 VI03 樣板。

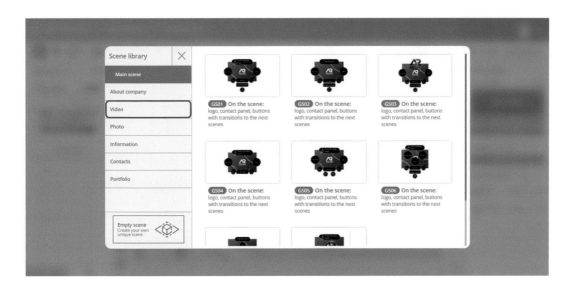

圖（CH8-022）

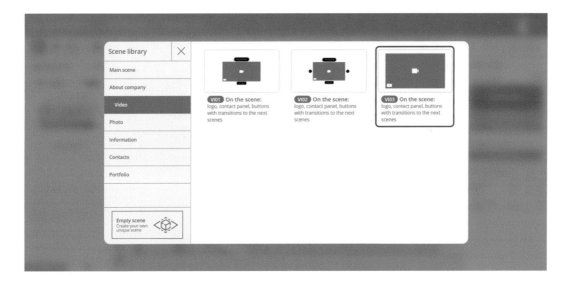

圖（CH8-023）

　　在觸發影像上再加上影片內容，其影片預設長寬是與靜態圖片相同大小，為了讓靜態圖片轉換成動態影片有驚喜感，筆者不建議再更改預設影片長寬的長度，直接左鍵點擊一次，如圖（CH8-024）所示紅色矩形所框選的範圍，右側的屬性也會跟著切換成「Design settings」，在此把注意力放在 Video 分類上，如圖（CH8-025）紅色矩形所框選的「Change video」。

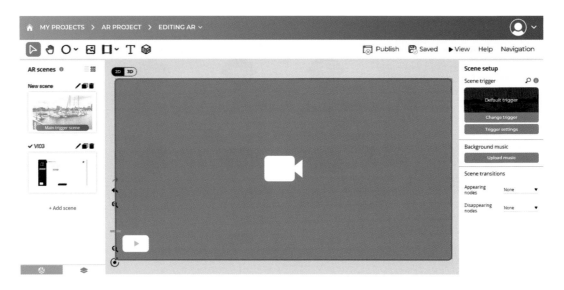

圖（CH8-024）

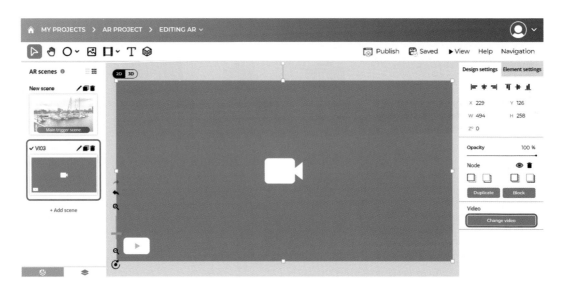

圖（CH8-025）

　　之後，在「Upload video」對話方塊點擊「Upload new video」上傳新影片，如圖（CH8-026），再來會請開發者準備好 mp4 格式影片並上傳，如圖（CH8-027）。

圖（CH8-026）

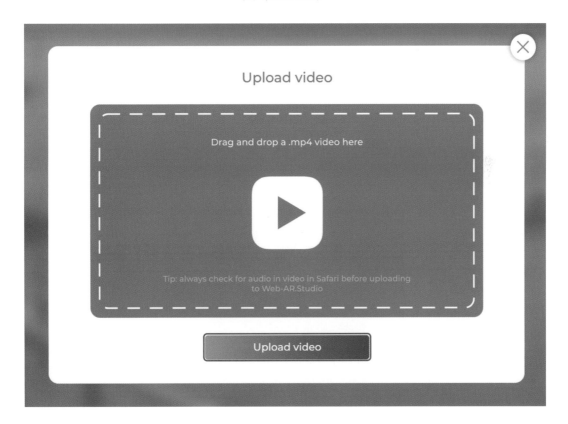

圖（CH8-027）

　　請注意，影片上傳有 20 MB 的檔案大小限制，超過的話會如圖（CH8-028）所示給予警告，只有符合規範的影片才能如圖（CH8-029）所示，給予開發者上傳影片。

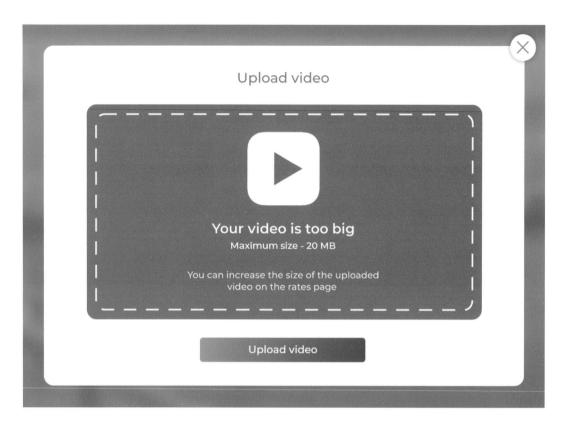

圖（CH8-028）

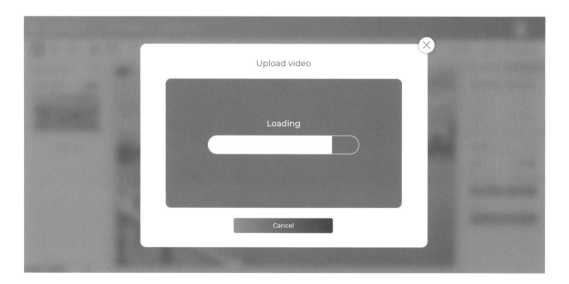

圖（CH8-029）

> **TIPS**
>
> 　　WebAR.Studio 僅支援 mp4 格式的影片，且檔案大小不得超過 20MB；其次，筆者亦
> 建議影片長度不超過 45 秒，根據統計發現，若影片超過 45 秒，使用者在觀看 AR 影片
> 的體驗會轉為留意自己有無拿穩行動裝置，體驗效果大打折扣！

　　影片上傳完成後出現「Video preview」對話方塊，接著點選右下角紅色矩形所框選的
「Use this video」，並稍微等待一段時間，分別如圖（CH8-030）和圖（CH8-031）所示。

圖（CH8-030）

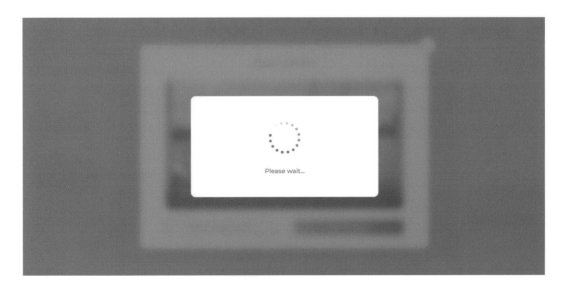

圖（CH8-031）

影片上傳完成的畫面如圖（CH8-032），但在發佈 AR 專案之前，有個建議的屬性設定最好更改一下，大約是在圖（CH8-032）右上方的「Element settings」屬性類別，點一下左鍵會看到如圖（CH8-033）「Actions」的屬性設定畫面，其中的「Loop video」屬性將它開啟，如圖（CH8-034）所示，可避免播放完 AR 影片後，觀看者想要繼續看還要再點播放按鈕；就算看完一次就不想看的玩家，自然就會把相機鏡頭移開觸發影像，就相當於選擇不繼續觀看。

圖（CH8-032）

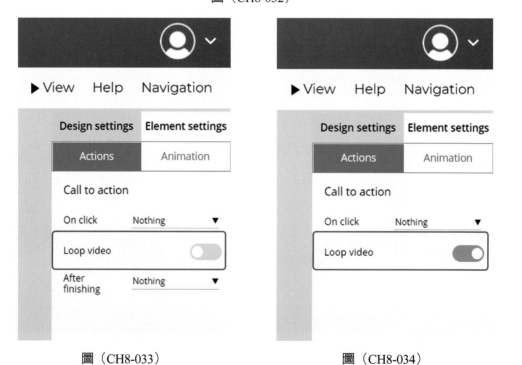

圖（CH8-033）　　　　　　　　　　圖（CH8-034）

　　最後繼續回到圖（CH8-032），已經來到要正式地把 AR 專案發佈出去，點擊上方紅色矩形所框選的「Publish」進行發佈，這邊要稍微等待一會，經筆者測試，大約 1 至 2 分鐘就完成了，如圖（CH8-035）。圖（CH8-036）的「Preview」畫面為圖（CH8-032）上方的「View」選項將其點擊之後，所產生出來的 QR Code 畫面，此畫面對於要分享 AR 專案扮演重要的橋梁角色。

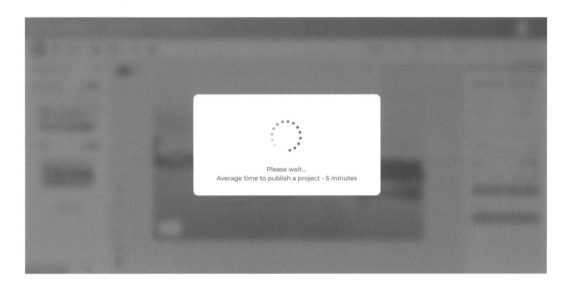

圖（CH8-035）

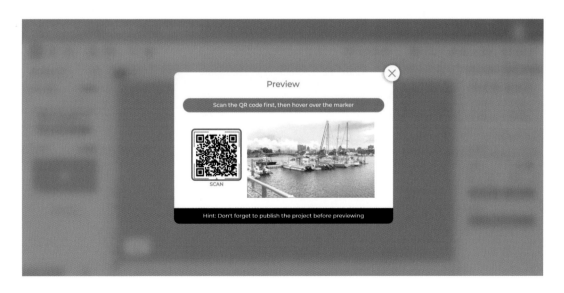

圖（CH8-036）

8-3 如何使用行動裝置觀看 WebAR Studio 專案

　　想要觀賞剛剛做的 AR 專案，我們必須掃描剛剛產生的 QR Code，並用手指頭點選如圖（CH8-037）紅色矩形框選的網址，接著您的行動載具會自動跳出如圖（CH8-038）的對話方塊，點擊「允許」繼續接下來的畫面，如圖（CH8-039）所示，最後將相機鏡頭對準觸發影像，其 AR 效果如圖（CH8-040）所示。最後補充說明，影片的聲音預設為關閉，若玩家有聲音的需求，記得在底下紅色矩形所框選的位置將聲音選項開啟。

圖（CH8-037）　　　　　圖（CH8-038）　　　　　圖（CH8-039）

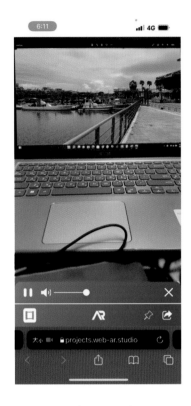

圖（CH8-040）

8-4 結語

　　WebAR Studio 的最大優勢在於不用安裝 APP，透過掃描 QR Code 開啓瀏覽器，就能體驗 AR；另方面，開發者也能選擇不透過安裝軟體的方式，以線上編輯開發 AR 專案，其優缺點，將以如下表格呈現：

優點	缺點
·每個帳號提供 14 天内，提供五個免費 AR 專案 ·透過簡易且直覺式操作的步驟，即可完成 AR 專案，不須專業的技術背景	·語言介面只有英文比較可被接受 ·免費帳號只有 14 天體驗期，超過時間會限制爲只能做 QR Code 的 AR 專案，想做影像辨識的 AR 專案只能再額外付費

國家圖書館出版品預行編目資料

穿梭元宇宙中的AR：結合真實與虛擬的新興
科技／謝旻儕，黃凱揚作. ——初版.——
臺北市：五南圖書出版股份有限公司，
2023.03
面；　公分
ISBN 978-626-343-749-4(平裝)

1.CST: 虛擬實境　2.CST: 數位科技

312.8　　　　　　　　　　112000612

5R43

穿梭元宇宙中的AR
結合眞實與虛擬的新興科技

作　　者 ─ 謝旻儕（398.9）、黃凱揚（291.7）

發 行 人 ─ 楊榮川

總 經 理 ─ 楊士清

總 編 輯 ─ 楊秀麗

副總編輯 ─ 王正華

責任編輯 ─ 張維文

封面設計 ─ 王麗娟

出 版 者 ─ 五南圖書出版股份有限公司

地　　址：106台北市大安區和平東路二段339號4樓

電　　話：(02)2705-5066　　傳　真：(02)2706-6100

網　　址：https://www.wunan.com.tw

電子郵件：wunan@wunan.com.tw

劃撥帳號：01068953

戶　　名：五南圖書出版股份有限公司

法律顧問　林勝安律師

出版日期　2023年3月初版一刷

定　　價　新臺幣480元

經典永恆・名著常在

五十週年的獻禮——經典名著文庫

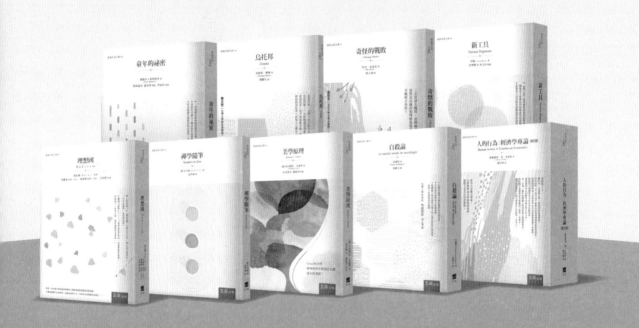

五南，五十年了，半個世紀，人生旅程的一大半，走過來了。

思索著，邁向百年的未來歷程，能為知識界、文化學術界作些什麼？

在速食文化的生態下，有什麼值得讓人雋永品味的？

歷代經典・當今名著，經過時間的洗禮，千錘百鍊，流傳至今，光芒耀人；

不僅使我們能領悟前人的智慧，同時也增深加廣我們思考的深度與視野。

我們決心投入巨資，有計畫的系統梳選，成立「經典名著文庫」，

希望收入古今中外思想性的、充滿睿智與獨見的經典、名著。

這是一項理想性的、永續性的巨大出版工程。

不在意讀者的眾寡，只考慮它的學術價值，力求完整展現先哲思想的軌跡；

為知識界開啟一片智慧之窗，營造一座百花綻放的世界文明公園，

任君遨遊、取菁吸蜜、嘉惠學子！